基于BIM的建设工程管理

——政府监管及数字政府建设的视角

戚振强 著

中国建筑工业出版社

图书在版编目（CIP）数据

基于BIM的建设工程管理：政府监管及数字政府建设的视角 / 戚振强著. —北京：中国建筑工业出版社，2021.9（2022.9重印）

ISBN 978-7-112-26742-2

Ⅰ.①基… Ⅱ.①戚… Ⅲ.①建筑工程—施工管理 Ⅳ.①TU71

中国版本图书馆CIP数据核字（2021）第211292号

责任编辑：赵晓菲 朱晓瑜
责任校对：姜小莲

基于BIM的建设工程管理——政府监管及数字政府建设的视角
戚振强 著

*

中国建筑工业出版社出版、发行（北京海淀三里河路9号）
各地新华书店、建筑书店经销
逸品书装设计制版
北京建筑工业印刷厂印刷

*

开本：787毫米×1092毫米 1/16 印张：13½ 字数：248千字
2022年1月第一版 2022年9月第二次印刷
定价：**49.00**元

ISBN 978-7-112-26742-2
（38566）

前　言

人类社会经历了农业革命、工业革命，正在经历信息革命。当前，以信息技术为代表的新一轮科技革命方兴未艾，以数字化为特征的信息化正在向智慧化方向发展，数字政府也在向智慧政府方向发展。数字政府建设是我国工程领域数字化进程的必经之路，能够极大地提高政府绩效、改善政府形象，有助于政府更好地为人民服务，但是数字政府建设却面临诸多障碍，严重影响了工程领域数字政府的建设和发展。

立足于如何持续地推动数字政府的建设和发展这一关键问题，本书以基于工程项目监管的数字政府建设为研究对象，发现服务于工程项目监管的数字政府具有跨部门协同的特征。通过建立数字政府的分析模型，运用成本效益分析的方法，发现基于BIM和云计算的统一的集成平台有助于提高工程监管信息传递的效率，运用博弈分析的方法分析了数字政府建设的时机和协同监管的机理。研究发现，在信息技术迅猛发展的同时，非技术因素是制约数字政府发展的重要因素，非技术因素和技术因素的差距有越来越大的趋势。数字政府发展存在政府失灵、动力缺失。绩效评价包含了激励因素、约束因素和信息反馈因素，可以为数字政府的持续发展提供保障。

本书的主要内容和创新点如下：

（1）构建了工程建设领域政府信息化和行业信息化的无缝连接模型，提出了集成政府工程监管的模式。通过构建孤岛型、数据库型和一站式信息传递模型进行成本效益分析发现，基于BIM的一站式信息传递可以实现帕累托改进和效率提升，政府信息化和行业信息化之间可以实现无缝连接，提高效率，集成的政府工程监管同样可以提升监管效率。

（2）提出了工程建设领域数字政府系统框架模型。现有数字政府建设的研究将技术要素作为研究重点，多停留在信息技术应用和信息网络等方面，忽视了数字政府建设的非技术要素研究。针对该问题，本书构建了以信息技术应用和信息网络为技术要素核；以信息资源、信息产业化、信息人才培养、信息化政策和标准规范等为非技术要素的数字政府工程系统框架。与现有研究相比，数字政府工程系统框架更能体现数字政府的系统工程特征，能够更加准确地反映数字政府建设技术因素和非技术因素之间相辅相成、相互制约的紧密关系。

（3）构建了数字政府建设的纵向和横向激励模型，明确了数字政府协同建设的激励机理。数字政府建设的机理可以概括为中央激励、统一规划、政府导向、协调一致，即：充分发挥中央政府对工程建设领域数字政府系统提供的财政补贴的作用，以城市经济发展水平和行业信息化为参考标准统一规划，合理选取试点城市，政府与其职能部门需要协调一致、紧密合作，采取合理的管理模式、建立持续发展的保障机制，推动数字政府建设的开展。

（4）确立了包括激励、约束和信息反馈在内的持续改进机制，构建了数字政府建设绩效评价的指标体系，明确了数字政府持续建设和发展的手段。建立了包含效率政府、民主政府等8个一级指标，包含办公周期、政务公开、工作满意度、政府形象等28个二级指标的数字政府建设的绩效评价指标体系。按照层次分析原理和数字政府建设的特点，构建了递阶层次结构的数字政府建设的绩效评价模型，建立了绩效评价标准。

本书的主要读者是建设领域的政府工作人员、企业工作人员、研究人员、科技工作者、大专院校的师生等。由于水平所限，缺点和错误在所难免，欢迎广大读者批评指正。

目 录

第1章 绪论

1.1 研究的背景和意义

1.1.1 研究背景

（1）信息化是人类社会发展和演变的必然趋势

人类社会经历了农业革命、工业革命，正在经历信息革命。信息化是由日本学者梅棹忠夫于1963年在其专著《信息产业论》中首次提出的。信息化是当代信息革命所引起的一个社会经济变革的过程，是一个推动人类社会从工业社会向信息社会转变的社会转型的过程，表征了人类迈向信息社会的努力。

当代信息革命，是信息的采集、存储、处理、检索、传播、利用等各方面的一系列的技术革新和技术革命，其本质是关于人类信息和知识的生产与传播的一场革命。人类活动的方方面面无一处没有信息的伴随，由当代信息革命所引发的信息化也就无处不在。人类社会信息和知识的生产与传播的努力永不停步，信息化也就不会放慢发展的脚步。因此，无论从时间维度还是空间维度，信息化及其研究将始终伴随人类文明的发展不断前进。李国杰院士[1]认为，信息技术是未来15～20年发展新经济的主要动力，新经济的本质是工业经济向信息（数字）经济过渡。

信息化，源于人类对提高劳动生产率的追求，其所触发的人类社会生产体系的组织结构和经济结构的变革，将直接影响到每一个国家在世界政治版图中的地位。信息化使现代农业走向数字化、智能化和网络化；使工业进入了以数字化为基本特征的智能化和网络化的工业化。国家信息化发展战略指出："我国已经进入新型工业化、信息化、城镇化、农业现代化同步发展的关键时期，信息革命为我国加速完成工业化任务、跨越'中等收入陷阱'、构筑国际竞争新优势提供了历史性机遇，也警示我们面临不进则退、慢进亦退、错失良机的巨大风险。"因此，认识信息化，驾驭信息化，以信息化谋发展，是每一个国家在信息时代不得不面对和深入思考的重大课题。

（2）数字政府建设是我国信息化进程中的必经之路

数字政府的发展既是我国信息化进程中不可或缺的一环，也是加快我国信息化进程的新机遇。一方面，政府拥有全社会信息资源总量的80%，数字政府的建设能更大发挥信息资源的作用；另一方面，数字政府建设给经济和社会信息化带来示范作用，对信息产业发展提出了需求。国家信息化发展战略指出："持续深化电子政务应用，着力解决信息碎片化、应用条块化、服务割裂化等问题，以信息化推进国家治理体系和治理能力现代化。"

数字政府的重要性表现在：①数字政府的实现能够极大地提高政府业务的效率，降低政府业务的人力成本、办公费用，缩短政府业务的办事周期。②数字政府的实现能够规范政府业务的流程，尽可能地减少差错、寻租与腐败，增加政府部门间的内部协作，加强对政府业务的流程监控。政府决策的透明度，有助于促进和谐社会的实现，从而在整体上促进全社会政治、经济和社会的进步。③数字政府的实现能够提高政府政务公开和民主决策的程度，使公众更好地参与各项决策活动中，通过重要决策网上公示、在线监督、投诉与建议等方式，提高人们参政议政的意识和增加政府决策的透明度，有助于促进和谐社会的实现，从而在整体上促进全社会政治、经济和社会的进步。④数字政府的实施有助于提高公务员终身学习的意识，而且能够降低其工作劳动强度，提高其对自身工作的热爱程度。

总之，数字政府的实现能够提升政府形象，提高政府的竞争力，全面改善政府绩效。我国政府也出台了一系列有关数字政府建设的政策法规，2016—2019年，"互联网+政务服务"4次被写入国务院《政府工作报告》。党的十九届四中全会提出"推进数字政府建设"再次引起广泛关注，努力推动我国数字政府的建设和发展，最近的文件是《国务院关于加快推进全国一体化在线政务服务平台建设的指导意见（国发〔2018〕27号）》，并且制定了具体的任务分工方案。数字政府的核心是信息资源的开发和利用，为此，住房和城乡建设部修订了《住房和城乡建设部政府信息公开实施办法（修订）》，具体见附录B。

（3）BIM成为建筑业信息化发展的趋势

建筑业是创造固定物质财富的行业，对经济做出了巨大的贡献。利用信息技术提升建筑业生产率是人类的选择。目前在美国，信息技术在建筑业中的应用是最为热门的研究方向[2]。BIM技术解决了困扰工程建设项目管理的两大难题——海量基础信息全过程分析和工作协同，已被国际建筑业界公认为一项提高建筑业生产力的革命性技术。BIM的利用能够真正实现信息集成化，而且还被认为会给建筑业带来巨大收益和显著生产力的提高[4]。

我国曾将BIM技术作为国家科学技术部“十一五”重点研究项目，而且BIM被我国住房和城乡建设部确认为建筑业信息化的最佳解决方案。2010年，是我国BIM快速发展的一年。目前，我国已有较多设计和施工单位开始使用BIM技术，众多建筑业参与单位开始接触和谈论BIM，开始研究和研讨BIM的利用。2011年，住房和城乡建设部发布《2011—2015年建筑业信息化发展纲要》，第一次将BIM纳入信息化标准建设内容。2013年推出《关于推进建筑信息模型应用的指导意见》。2014年，《关于推进建筑业发展和改革的若干意见》中提到推进建筑信息模型在设计、施工和运维中的全过程应用，探索开展白图代替蓝图、数字化审图等工作。2015年，住房和城乡建设部印发的《关于推进建筑信息模型应用指导意见》中特别指出2020年末实现BIM与企业管理系统和其他信息技术的一体化集成应用、新立项项目集成应用BIM的项目比率达90%。2016年，发布《2016—2020年建筑业信息化发展纲要》，BIM成为“十三五”建筑业重点推广的五大信息技术之首。进入2017年，国家和地方加大BIM政策与标准的落地，《建筑业10项新技术（2017版）》将BIM列为信息技术之首。2020年，住房和城乡建设部联合多个部委制定和颁布《住房和城乡建设部等部门关于加快新型建筑工业化发展的若干意见》，以上文件具体见附录B。

2018年以来，各地纷纷出台了对应的落地政策，BIM类政策呈现出了非常明显的地域和行业扩散、应用方向明确、应用支撑体系健全的发展特点。政策发布主体从部分发达省份向中西部省份扩散，目前全国已经有接近80%省市自治区发布了省级BIM专项政策，代表性政策见附录B。

但是，我国建筑业如何利用BIM，如何使各方的参与热情得以持续并带来实质性的效果，找到适合我国开展BIM的路径，如何利用BIM提升建筑业信息化发展的水平等成为亟需研究的课题。

（4）基于工程项目监管的数字政府建设面临诸多障碍

在数字技术利用面临的障碍方面，张春霞[5]、何清华等[6]、刘献伟等[7]、张连营等[8]、李祥伟等[9]、Salman Azhar等[10]、Chuck Eastman等[11]、Darius Migilinskas等[12]、McGraw-Hill建筑公司2010年的BIM调研报告、皇家特许测量师协会（RICS）2011年的BIM调研报告等，进行了较深入的研究。归纳起来就是，城市建筑业信息化面临两类阻碍因素，即技术因素和非技术因素。也可以按照建设的主体，分为民间或市场的因素和政府或官方的因素。

基于工程项目监管的数字政府建设面临的主要障碍之一，就是信息技术因素与非技术因素的发展不协调，彼此之间难以匹配。数字政府的技术因素与非技术因素应该是相互促进、相辅相成的关系，这主要体现在：①技术因素、非技术因素各自作为宏观整体相互协调、协作形成拉动效应，推动数字政府建设的进展。②构成技术因素、非技术因素的多个微观单元之间相互影响、相互融合，实现微区域间的协同效应。如图1-1所示。

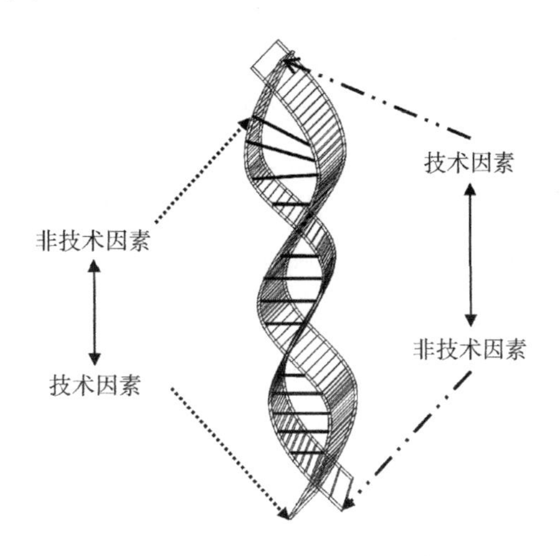

图1-1 技术因素与非技术因素的协同效应

但在实践过程中，数字政府建设技术因素与非技术因素之间存在较为巨大的缺口。在数字政府建设开展之初，技术因素是影响数字政府发展的主要瓶颈。比如，二十世纪五六十年代计算机硬件技术存在问题较多，二十世纪六七十年代软件问题较多。但随着计算机通信和网络技术的发展，技术因素对数字政府发展的决定性作用逐渐降低。实践过程中，由于过多地强调信息技术的开发、引进和使用，忽视了信息资源、信息产业化、信息人才培养、信息化政策和标准规范等非技术因素对数字政府建设的重要作用，导致数字政府建设过程中技术因素与非技术因素之间的缺口越来越大，严重影响了数字政府建设的进程。数字政府建设技术与非技术因素缺口所产生的负面效应如图1-2所示。

1.1.2 问题的提出

“互联网+”已经上升为国家战略，意味着这一新的经济形态，将成为推动中国经济、政治和社会发展的新引擎。“互联网+”下，互联网不仅作为一种技术，更

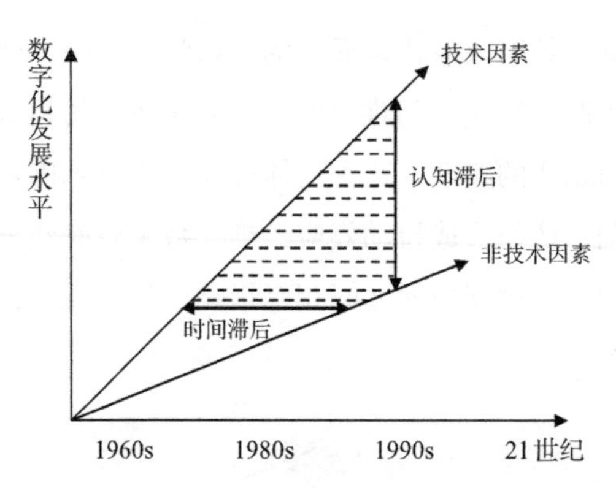

图1-2 数字政府建设技术与非技术因素的缺口效应

是一种资源、一种方法和一种思维，利用“互联网+传统产业”形成一种新的生态，从本质上要变革传统产业；“+互联网”则是把互联网作为一种技术，利用“传统产业+互联网”把传统产业用互联网联系在一起，传统产业的本质不发生改变。

信息技术迅猛发展的同时，非技术因素对数字政府建设和发展起了重要作用，成为最重要的阻碍因素，数字政府建设利用具有非营利性特征，所以应用信息技术建设数字政府动力不足。我国正在推动“互联网+政务”工程，如何持续地建设和发展具有协同特征的数字政府，成为重要的研究课题。

1.1.3 研究意义

（1）理论意义

一是有助于科学解释数字政府建设机制设计的机理。数字政府建设涉及政府、企事业单位、居民等多方利益主体，通过建立数字政府建设成本分析模型、数字政府建设时机选择模型、政府与其职能部门的Stackelberg主从博弈模型等理论模型，得到应采取中央激励、统一规划、政府导向、协调一致的数字政府建设机理。目前，研究大多侧重于数字政府技术体系的研究，缺乏对其建设机理的深入探讨。因此，研究数字政府建设机理，将有助于推动数字政府水平的提高。

二是有助于推动数字政府建设管理理论的研究。本书围绕数字政府建设的主题，分析了影响数字政府建设进程的关键因素，得出数字政府建设过程中面临的主要障碍是非技术因素，为了使非技术因素发挥积极作用，探讨了数字政府建设的绩效评价理论。

（2）现实意义

一是有利于确定数字政府建设的发展方向。通过本书的研究，可以帮助政府部门进一步认识数字政府建设的必要性和重要性、进一步认清数字政府建设技术因素和非技术因素的构成以及两者之间的关系、进一步明确数字政府建设进程中的关键因素，从而更加坚定政府建设数字政府工程的决心，并明确努力方向。

二是有利于数字政府工程统一规划和持续建设发展。通过本书的研究，可以深度分析数字政府工程的发展与人们的信息需求、城市发展和社会信息能力的关系，研究数字政府建设项目绩效评价，为当前的数字城市建设和持续发展建言献策，为数字政府管理的下一步实践提供参考。

1.2 国内外研究现状

1.2.1 数字政府的研究

发达国家政府的建设和发展遵循的路径一般包括两种，一种是根据新的理论指导开展新的政府改革的实践。比如20世纪50—70年代，发达国家普遍采用韦伯官僚制，强调政府部门的专业分工，造成机构臃肿，层级过多，对公众需求反应迟钝。另外一种是根据政府的某些方面的实践，然后总结出相应的理论，再做出更大范围的实践推广。比如1999年，英国布莱尔政府颁布《现代化政府白皮书》，提出了“整体政府”改革十年规划。随着英国“整体政府”改革不断取得成效，澳大利亚、新西兰、瑞典、加拿大、美国等相继采用“整体政府”理论开展行政体制改革。

（1）国外的研究现状

随着数字政务项目的实施，国外一些学者开展了经验研究，他们跟踪项目实施的情况，及时发现所遇到的问题，不断分析和总结，以便掌握电子政务发展的规律，为未来的数字政务发展提供了有益的借鉴。

Doty和Erdelez[13]（2009）研究美国得克萨斯（Texas）州乡村法院的电子政务建设案例后，指出电子政务的建设成功与否，无关乎其技术的先进与否和动机的强弱，而在于地方政府机构的作为及响应，若忽视地方政府机构的存在及失去其支持，电子政务项目通常将面临失败的结局。为提高电子政务项目实施的成功几率，两者建议实施者需重点考虑如下四个方面：①经验研究，以了解人员的工作实际、约束、价值、顾客以及对等网络；②理解各方关系；③识别需要和支持目标；④长期关注和确定组织，电子政务项目都是长期项目，有赖于综合地理解地方条件及信息实践和深入理解数字工具及组织机构和服务。

Salem[14]（2009）在研究美国能源部（DOE）Pubscience项目的基础上，通过确定电子政务和电子商务的边界问题，使两者得以避免竞争、协调发展。通过研究发现，Salem提出成立一个由工程建设领域数字政府建设相关利益主体组成的任务小组来推动工程建设领域数字政府建设的开展。

Devadoss[15]（2011）等认为在电子政务的项目初始阶段，需要关注远程合作的内容，这样一来有助于建立整体性概念，对问题进行深入研究，他们还构建了未来电子政务行动的框架体系，具体内容如图1-3所示。

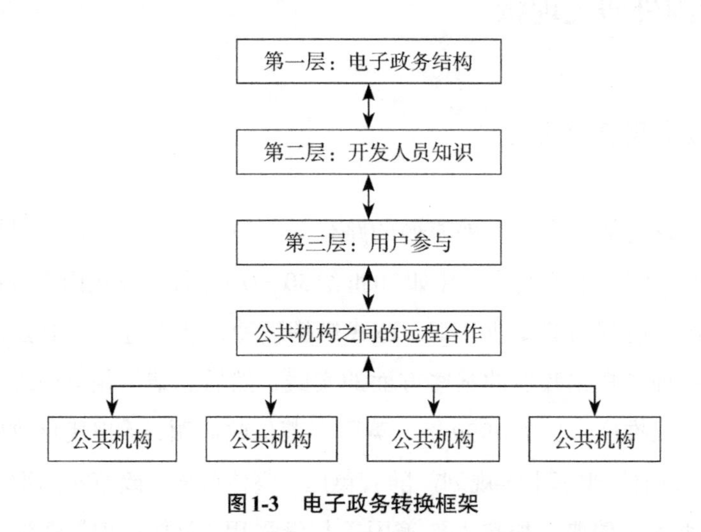

图1-3　电子政务转换框架

Pardo和Scholl[16]对开发失败的信息系统项目进行了剖析，认识到项目失败的深层次原因在于对信息系统项目建设的理解并不完全。两位学者通过应用行为研究方法，系统性分析了信息系统开发（ISD）的理论和实践，以解析技术、社会和行为因素三者在信息系统项目实施过程中的相互依赖关系，并证实了失败的原因大体都是由技术、社会以及行为因素导致的，并且他们发现行为研究方法能够为理论和实践之间进行有效反思和反馈提供框架证据。他们提出的ISD增强系统开发与维护环如图1-4所示。

Fulla和Welch[17]两位美国学者认为，Internet技术对公民与公共组织之间的交互影响并不显著，且不具有完全关联性，并进一步研究出了反映公民与公共机构活

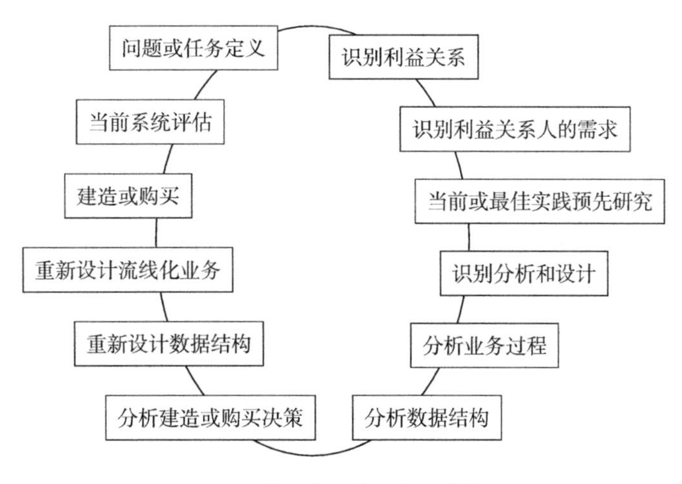

图1-4 增强的系统开发和维护环

动的社会环境和虚拟交互自组织潜力的模型，该模型可识别各参与者的反馈信息，组织、社区之间关系受反馈信息影响的机理，并在点对点、点对面、面对点、面对面的思想指导下，提出了四阶段公民政府交互影响。Internet交互对组织、社区和它们之间关系的影响如表1-1所示。

Internet交互对组织、社区和它们之间关系的影响　　表1-1

公共组织类型	变化类型		
	公共组织变化	社区变化	关系变化
无响应	任务重新分配	信息政府	关于政府的知识
一般响应	结构变化/组织内部网络化	政府是信息来源	关系稳定 合作能力
信息直接响应	服务传送的关键是响应时间、信息交互优先级		感知组织开放性 互惠的合作关系
信息推荐响应	行动深度决定组织压力	成为积极参与主体	成为合作伙伴
行为推荐响应	单元之间作用的理解		

P. Gant和Gant[18]研究了美国州政府网络门户在电子服务传送中的作用，通过对美国50个州的网络门户功能的研究，系统分析了为什么一些州的网络门户的功能强于另外一些州，并发现几乎每一个州的网络门户建设都处于早期发展阶段，不具有提供高级交互能力。

国外对智慧政府的研究，主要聚焦基本概念、工程实践和理论分析等方面。

首先，在智慧政府的概念方面。关于智慧政府概念，国外有各种不同的称呼，例如Smart（Smarter）Government，Intelligent Government，Ubiquitous Government，Government 3.0等等。国外的智慧政府概念是从电子政府（E Government）的概念发展而来，Samia Melhem把电子政府的发展分为三代（3Generation，3G）：即第一代电子政府（E-Gov1G）——信息化，第二代电子政府（E-Gov2G ）——电子转型，第三代电子政府（E-Gov3G ）——开放政府（Open Government）[19]。Chulani通过广泛研究、分析中东和非洲地区政府开放合作计划，对政府机构之间的共享信息进行分类，对智慧政府的发展阶段进行定义，对智慧政府的服务维度进行说明，从而提出智慧政府管理成熟度模型[20]。

其次，在对工程实践的总结分析方面。2011年，国际数据公司（IDC）通过对政务系统所面对的危机进行分析，给出了智慧政府在信息社会的科技发展路径，总结出智慧政府成熟度模型[21]。同年11月，美国加利福尼亚州为提高政府服务的绩效及服务能力提出智慧政府建设框架（Smart Government Framework）[22]。2012年6月，韩国政府公共行政与安全部顺应时代发展构建了智慧政府实施计划（Smart Government Implementation Plan）使得韩国始终居于联合国电子政务指数排名中的领先位置[23]。

2013年6月，迪拜专门成立智慧政府部门（Dubai Smart Government Department），负责指导和监督迪拜电子政务的转型与实施。迪拜智慧政府项目通过各部门共同努力取得的重要成就是，该地区为企业和社区生活提供政府在线服务的开创性举措标志着迪拜开始进入智慧政府时代[24]。Howard和Maio提出，智慧政府通过利用信息和通信技术，实现政府单层级（城市、州或联邦）或跨层级（跨州和地方政府）的一体化管理，从而创造可持续的公共价值[25]。

2014年3月，新加坡资讯通信发展管理局推出“资讯媒体总体规划2025（Infocomm Media Masterplan 2025）”。该规划的重要目标是将新加坡政府建设成为智慧政府，使新加坡成为全球领先的ICM技术使用者和倡导者。通过有效的安全措施保护个人的隐私和交易，促使企业提高生产率和收入，帮助政府利用数据更好地分析城市问题，从而制定更适当的政策[26]。

最后，理论分析方面。Sehl Mellouli、Luis F. Luna-Reyes和Jing Zhang提出，政府的数据开放和科技手段提升公民、社会组织等对公共事务的参与，智慧政府是应对这一趋势的必然路径[27]。Gil-Garcia认为，智慧政府是在新兴信息技术发展的环境下，用来描述政府的创造性投资以及创新性战略，从而实现更加灵活和有弹性的政府治理活动。但是关于智慧政府这一术语具体包括什么内容，在政府公共领域如何利用新兴技术开展创新工作方面，学术界并没有达成共识[28]。

(2)国内的研究现状

国内研究的一个显著趋势就是几乎每年都有人对电子政府或相关的研究领域做文献综述的研究。

张锐昕等[29]总结了全国电子政务与服务型建设学术研讨会的成果，从中可以看到全国的情况，“电子政务在增强政府服务能力和改善政府管理绩效方面取得了显著成效，为世人共睹”“中国目前处于电子政务建设的起步阶段”“中国电子政务理论研究颇为欠缺，明显滞后于电子政务实践”“可以依靠行政文化的发展为政府注入内在的服务理念，从而有效地推进服务型政府建设”“云政府是云计算在政府管理中的一种应用形式”“电子政务建设的一个重要目的是提升政府能力，使政府更为有效地运行，并对社会和公众进行更有效的管理和服务”。

陈崇林[30]对协同政府进行了综述，从中可以看到国内外对协同政府的一些研究成果。包括:“整体政府作为协同政府的高级阶段”“立足于布莱尔改革以降的政策实践的研究占到了协同政府研究的相当比重。这类文献多数注重阐述和介绍协同政府相关政策理念的学理渊源和现实的制度选择”“立足于网络化治理的研究，多数将治理理论作为基本的分析框架，注重在相应的政策网络内，作为行动者的政府部门、市场部门和第三部门的合作协同问题”“关于协同动力的讨论”。

张建光等[31]对国内外智慧政府的现状和发展趋势进行了总结归纳，包括美国加利福尼亚州、韩国政府公共行政与安全部、迪拜专门成立智慧政府部门和新加坡等智慧政府工程实践的经验，并从信息技术应用维度和公共管理维度对现有的研究进行了归纳总结。这两个维度和本书的技术和非技术两分法有很多相似性。

宋林丛等[32]对国内智慧政府的相关研究进行了综述，包括智慧政府的内涵，智慧政府的评价指标体系，从治理理念、治理模式和行政体制等方面综述了智慧政府治理转型问题以及智慧政府的角色定位问题。

阿尔伯特·梅耶等 [33]对智慧城市治理的相关文献做了归纳研究。他们将智能技术、智慧人群或智慧协作用来定义智慧城市的特征，以变革或增量的视角来分析城市治理的变化，将一个更好的结果或更加开放的过程作为智慧城市治理的合理诉求。作者强调智慧城市治理并不是一个技术问题，应当将其视为一个制度变革的复杂过程。这个和本书的观点非常相似，技术只是提供了前提条件，非技术因素才是至关重要的决定因素。

除了以上综述类研究文献的归纳之外，以下的研究也做出了相应的贡献，对人们认识数字政府的发展提供了帮助。

金江军[34]认为互联网时代的新型政府是一种以整体政府、智慧政府、互联政府、开放政府为主要特征的服务型政府。金江军还认为智慧城市包括智慧政治、智慧经济和智慧社会三个方面，智慧政治对应的政府形态就是智慧政府。

周志忍[35]提出，“整体政府（Holistic Government）”成为当代政府管理的一个新理念，成为发达国家政府改革的热门实践和学术研究的热门领域。整体政府的理念和机制对我国政府管理现代化具有重要的现实意义。整体政府是一个大概念，强调制度化、经常化和有效的“跨界”合作以增进公共价值。“协同政府”强调的是，不同政府部门或组织之间，目标和手段“互不冲突”，而“整体政府”则更进一步，强调目标和手段“相互增强”[36]。

刘光容[37]构建了政府协同治理的基本理论框架，分析了政府协同治理的运行机制，从动因、过程、结果三个方面阐述了协同治理过程模型的构建思路，提出了政府协同治理组织实施的保障措施，分析了政府协同治理的效率，并构建了政府协同治理效率分析的指标体系。

李辉[38]认为，协同型政府的定义是在公共事务治理过程中，政府（部门）与其他主体（包括其他部门和其他组织）协同行动，形成井然有序、相互促进的治理结构，并能实现资源最优化利用与公共利益最大化实现的政府。协同型政府表现为善治的政府、无边界的政府、“社会人”政府、使命驱动的政府、灵活应变的政府、“外向型”政府和“魅力型”政府等特征。并从原则、机制、文化塑造和能力培养几个方面指出了协同型政府的未来之路。

陈曦[39]分析了美国和加拿大两国跨部门合作成功的文化、制度、组织、能力和技术等五个核心要素，并从这个五个方面分析了我国跨部门合作的实践，提出了我国跨部门合作的策略。

综上所述，可以说智慧政府是一种必然的发展趋势，从机械化生产走向智能化生活，为人类实现更舒适更便捷的生活，达到更高的生活质量，是我们推行信息化发展的最终目的。

从以上文献的分析中，我们可以得到以下结论，协同政府可以根据实际需要在政府的不同部门或者不同的领域进行合作，并未上升到全体部门的高度，所以协同政府是整体政府的初级阶段，而整体政府范围更大。由于论文的题目所限，本书注重于协同政府方面的研究。

在前人不懈钻研的基础上，作者通过总结基本可以得出两点普遍认同的观点：

一是智慧政府要高于数字政府，智慧政府不只是数字政府的简单升级；从长远来看，智慧政府是城市政府信息化未来的发展方向和大势所趋。二是数字政府是城市信息化发展的初级阶段，而且是城市信息化发展的必经阶段。目前，我国城市信息化的发展正处在这样一个阶段。因此，研究数字政府对我国城市信息化的发展更具有现实意义和实践价值。

1.2.2 基于工程项目监管的数字政府的研究

目前国内外，基于工程项目监管的数字政府的研究主要集中于BIM在项目监管中的应用方面。

（1）国外的研究现状

Eastman [40]在2009年提出了以BIM为基础进行建筑法规自动化检测的架构，包括模型准备（Building Model Preparation）、法规解释（Rule Interpretation）、法规检测（Rule Execution）和输出结果（Rule Reporting）四个要素。其四个功能如图1-5所示。

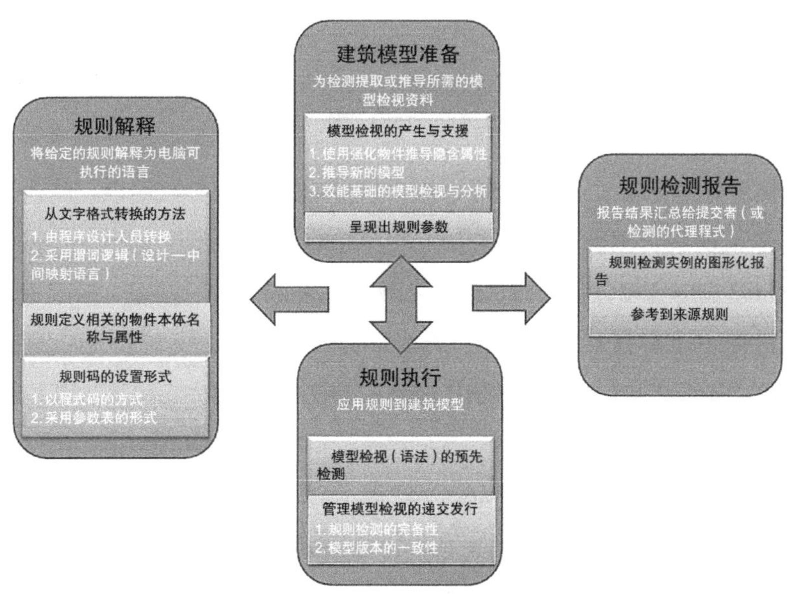

图1-5 法规检测系统应支持的四个功能

Jin Kook Lee [41]在其博士论文中提出，建筑法规审查模式的研究是从传统的2D审查推进到目前的3D BIM模型辅助审查，将来会演进到互动式语言驱动审查，如表1-2所示。

建筑法规审查模式演进表 表1-2

发展阶段	人工审查	软件驱动审查	语言驱动审查
特征	技术法规	BIM	互动式自动审查
工具	图纸	特定工具	各种工具

作者借助SMC的模型浏览界面（图1-6），展示其BERA语言的案例实践成果。

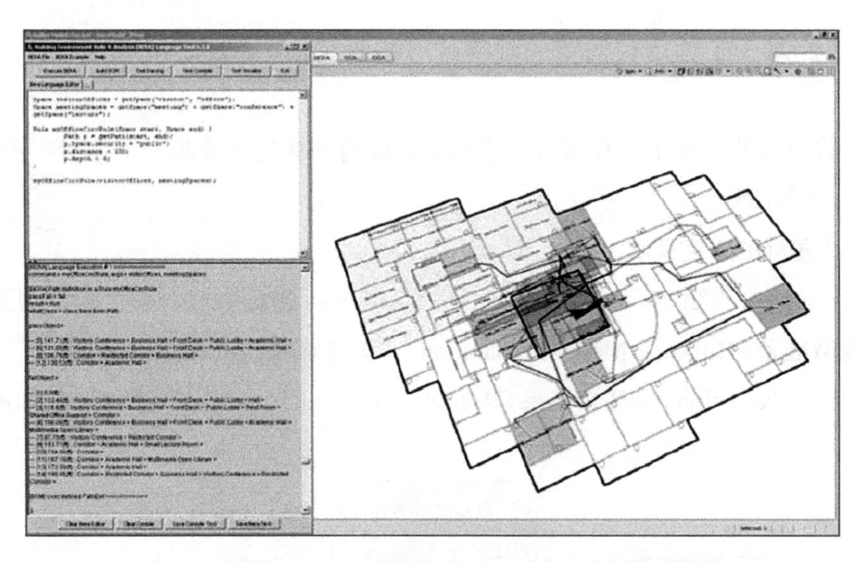

图1-6 在基于BERA语言工具的SMC平台上展示BIM模型

美国佛罗里达大学Nawari [42]在2012年发表的论文中，试图以一阶逻辑量化理论来分析建筑法规，用物件（Objects）、关系（Relation）和功能（Function）三种元素来解构与建筑结构相关的法规。例如：物件方面的基础、柱子、桁架等，功能方面的最大挠度、最大剪力等。然后，再将解构后的建筑法规转成XML格式，再配合XML BIM模型及整合式查询语言（LINQ）进行自动化法规检测。其建议的检测流程框架如图1-7所示。

2013年新西兰Johannes Dimyadi [43]发表了国际上利用新技术进行法规检查研究的年谱。如图1-8所示。

2002年有了BIM术语之后，利用IT技术进行法规检查的研究获得了蓬勃的发展，例如挪威的EDM Server与EDM Model Checker、芬兰的Solibri Model Checker、新加坡的CORENET e-Plan Check、澳大利亚的Design Check、美国的GSA（联邦总务署）的空间检测计划、ICC（国际法规学会）的SMART Code计划等，都是正在持续进行的计划。

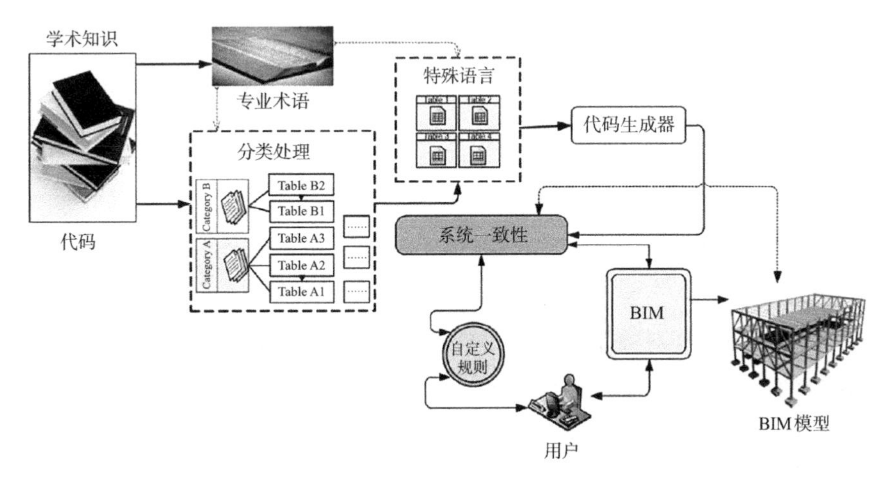

图1-7　自动化法规检测新建议框架

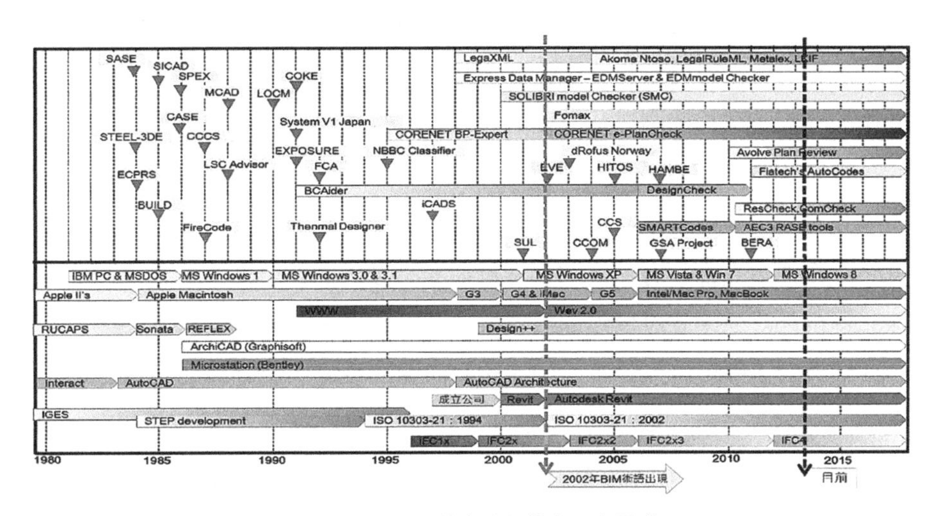

图1-8　国际IT技术法规检查研究图谱

（2）国内的研究现状

国内从政府角度研究信息化发展的文章很少，对基于BIM的电子政务的研究文献更少，仅有王广斌教授的两篇文章。王广斌教授[44]在发达国家政府对建筑业信息化的作用方面做了比较研究，其认为日本、韩国和新加坡等三个亚洲国家的政府作用强，芬兰政府的作用较强，美国和英国的政府作用较弱。他认为发达国家政府从政策、税收和宣传等方面完善市场环境，并且其作用还体现在加强信息化的领导协调、制定目标、资助基础研究等。在《我国建筑信息模型应用及政府政策研究》一文中，王广斌等[45]通过对国内应用BIM的现状进行了调查研究，得出我国应用BIM的水平，进而结合发达国家或地区的BIM政府政策，提出了我国政府发展BIM政策的重点内容，包括发挥政府的关键支持和协调作用、制定适合我国行业特点的BIM技术实施战略、开展公共建筑BIM应用示范项目和积极开展BIM的国际技术合作等。

1.2.3 文献评论

综上所述，国内外对数字政府工程建设的研究主要体现在以下几个方面：①数字政府建设的技术学派。技术学派将数字化的实现手段作为研究重点，认为数字化主要是以计算机技术为核心来生产、获取、处理、存储和利用信息，而数字政府则是信息技术在城市基础设施建设、生产、业务、管理等各方面的推广与应用过程，是城市信息资源的开发与利用过程。②数字政府建设的经济学派。经济学派将数字化的运动过程当作了研究重点，认为数字化是信息产业的成长和发展过程，数字化是产业结构和经济结构的高级化，而数字政府的最终目的是要促进城市的经济和社会发展。③数字政府建设的社会学派。社会学派单纯从整个社会发展的角度出发，认为数字化是指当代技术革命引起的新的社会发展现象等。

三个学派的观点都具有一定的参考价值和指导价值，但仍然存在改进之处。具体说来，国内外对数字政府建设的研究主要存在以下不足：

（1）缺乏对工程项目监管方面数字政府内涵的系统认识

国内外学者对于数字政府体系的研究，多停留在如何利用计算机技术生产、获取、处理、存储和利用信息来推动城市化进程上，忽视了数字政府的系统工程特征，没有认识到数字政府技术因素和非技术因素之间相辅相成、相互制约的紧密联系。

（2）缺乏对数字化和经济发展辩证关系的系统分析

信息技术是数字政府发展的基础，智慧城市是数字政府发展的终极目标。因此，数字政府至少包括两个方面：①信息技术和信息产业本身的发展；②信息技术在经济和社会领域的应用和推广。信息技术和信息产业的发展离不开经济资源的支撑，经济资源在信息产业的投入能够直接反映信息产业的生存能力和发展潜力；反过来，信息技术在经济和社会领域推广和应用的程度和力度又能影响到整个社会经济资源的数量多少、增长速度和配置方式。因此，要想推动数字政府的发展，进而推动整个社会经济向前发展，必须厘清数字政府和社会经济发展的唯物辩证关系。

1.3 本书内容和结构

1.3.1 本书主要内容

本书的研究目标是为工程建设领域数字政府的顺利开展提供理论基础，为政府部门制定数字政府建设和发展战略提供建议。本书的研究内容包括以下几个方面：

1）依据工程建设领域建设管理系统的概念模型和工程建设领域信息化的主流技术——BIM技术，研究了工程建设领域从软件开发公司、国家标准、从业人员以及研究人员等四个视角勾勒了人们对BIM的认识。人们对BIM的认识是不断发展且动态的，BIM技术集合了工程建设领域的技术和管理信息化的内容，并且结合了所有其他的新兴信息技术，比如GIS、云计算、三维扫描、3D打印等，所以，工程建设领域信息化以利用BIM为主要特征。根据我国工程建设领域信息管理的模式，探讨了我国工程建设领域利用BIM的模式、条件和配套条件等，构建了工程建设领域利用BIM的概念模式和相关应用模式。

2）结合工程建设领域数字政府建设的六个方面，即：信息资源、信息网络、信息技术应用、信息产业化、信息人才培养、信息化政策和标准规范等，提出了孤岛型系统、数据库系统、一站式系统三种工程建设领域数字政府建设系统，建立了工程建设领域数字政府建设成本分析模型，在对孤岛型系统、数据库系统、一站式系统三种工程建设领域数字政府工程系统进行成本效益分析的基础上，得出了不同类型的工程建设领域数字政府工程系统存在帕累托改进、缩减信息处理经过的政府部门数可以降低工程建设领域数字政府工程建设的成本、政府部门建设工程建设领域数字政府工程系统意愿不高、提高政府部门或公务员的数字政府业务水平至关重要等结论。因此，在工程建设领域数字政府工程建设开展过程中，中央政府必须发挥好导向作用，合理选取试点城市、指导其选取与之相适应的数字政府工程建设系统并提供相应的经济资助，把握好工程建设领域数字政府工程系统的建设时机。

3）在对工程建设领域数字政府工程建设时机进行分析的基础上，得出了城市政府实施数字政府工程建设的时间主要与城市经济发展水平和上级政府的财政补贴率有关，数字政府工程系统最佳使用时间与城市经济发展水平正相关、与城市信息需求水平负相关等结论。因此，在工程建设领域数字政府工程建设中，为了把握好工程建设领域数字政府建设的时机，必须确保城市政府与其职能部门协调一致、紧密合作，立足城市经济发展水平和社会信息需求的现状，有计划、有组织地推进工程建设领域数字政府建设。

4）通过建立政府和职能部门的Stackelberg主从博弈模型，在对博弈结果进行分析的基础上，得出了政府投资数额越大、政府所获收益越多，政府投资比率越高、政府部门参与工程建设领域数字政府建设的积极性越高，制定统一规划有利于政府实现自身利益的最大化，政府部门的投资决策受政府参与率和边际收益的双重影响等结论。因此，在工程建设领域数字政府建设中，政府要想获得更多收益、提高其下属职能部门的参与积极性、实现自身利益的最大化，必须制定并实施统一规划。

5）研究了工程建设领域数字政府建设的自规制机制。工程建设领域数字政府工程的建设需要考虑城市发展的需要，需要考虑社会信息处理能力和信息需求。在利用BIM技术提升改造传统的工程建设领域时，也会遇到市场不完全、外部性和信息不对称等因素，从而导致市场失灵。然而，政府干预信息化过程中也会产生公共物品供给不足、寻租和俘虏等因素，从而导致政府失灵。由于政府是天生的自然垄断者，为了规避政府失灵的风险，需要对政府部门自身进行规制。绩效评价包括激励机制、约束机制、反馈机制和改善机制，是政府自身规制的良好手段。

6）按照全局性和系统性、长远性和超前性、权变性、经济性、应用性、适用性等六个原则，建立了包含8个一级指标、28个二级指标的工程建设领域数字政府项目群管理绩效评价指标体系，并选取了AHP效益综合评价法，建立了绩效评价标准。

1.3.2 本书逻辑结构

本书的逻辑框架结构如图1-9所示。

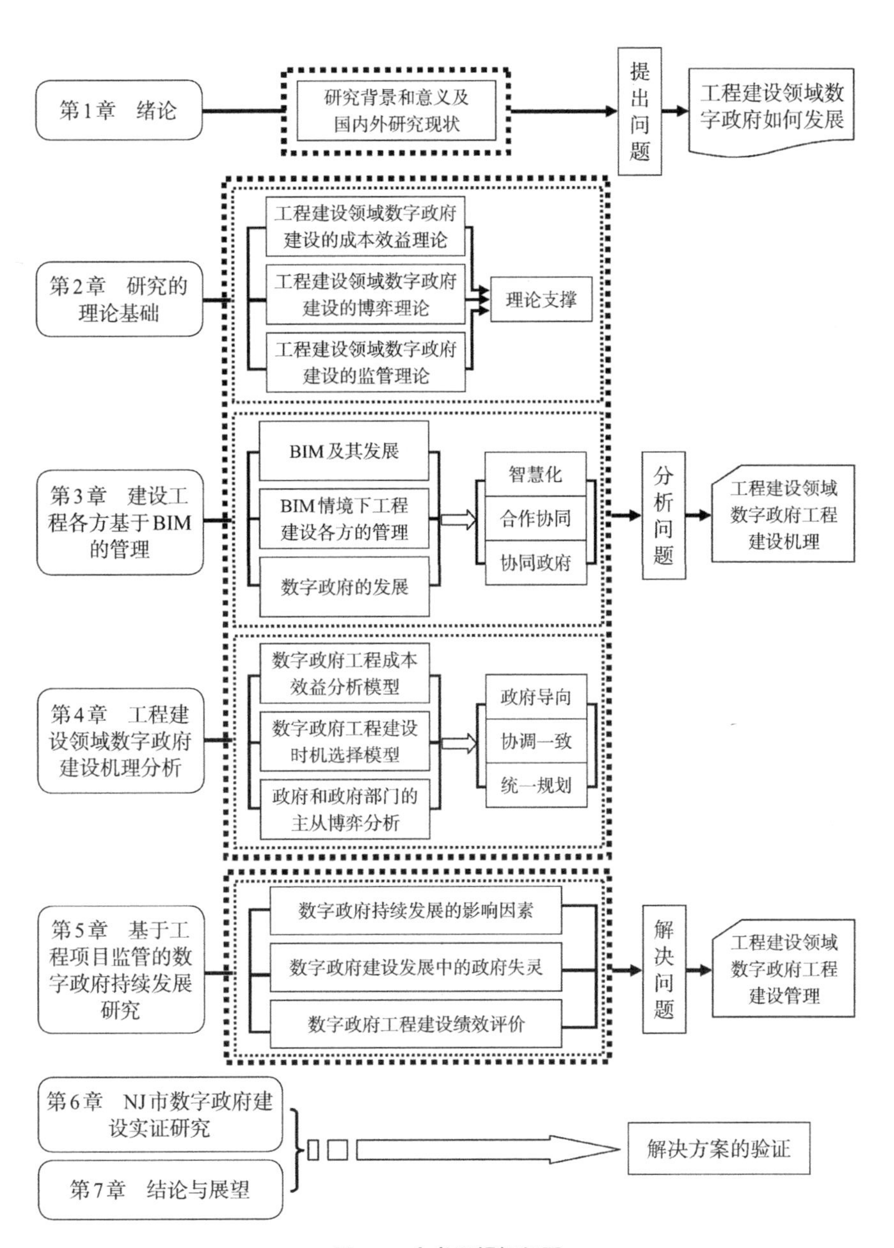
第1章　绪论
研究背景和意义及国内外研究现状
提出问题
工程建设领域数字政府如何发展
第2章　研究的理论基础
工程建设领域数字政府建设的成本效益理论
工程建设领域数字政府建设的博弈理论
工程建设领域数字政府建设的监管理论
理论支撑
第3章　建设工程各方基于BIM的管理
BIM及其发展
BIM情境下工程建设各方的管理
数字政府的发展
智慧化
合作协同
协同政府
分析问题
工程建设领域数字政府工程建设机理
第4章　工程建设领域数字政府建设机理分析
数字政府工程成本效益分析模型
数字政府工程建设时机选择模型
政府和政府部门的主从博弈分析
政府导向
协调一致
统一规划
第5章　基于工程项目监管的数字政府持续发展研究
数字政府持续发展的影响因素
数字政府建设发展中的政府失灵
数字政府工程建设绩效评价
解决问题
工程建设领域数字政府工程建设管理
第6章　NJ市数字政府建设实证研究
第7章　结论与展望
解决方案的验证

图1-9　本书逻辑框架图

第2章 研究的理论基础

2.1 数字政府建设的成本效益理论

2.1.1 成本理论

（1）生产成本的概念

成本一般是指获得某种物品或者服务必须支付的代价。在经济学中的成本是指生产活动中所使用的生产要素的费用，成本也叫生产费用。生产要素是指生产某种商品时所投入的经济资源，包括劳动、资本、土地和企业家才能等。成本不仅影响生产和利润水平，还会影响投入的选择、投资的决定，甚至可以决定组织是否继续保持该项业务。成本可以根据与产量的关系区分为固定成本和可变成本，也可以根据其数量的关系区分为总成本和平均成本。

进行经济分析的一个重要前提是资源的稀缺性，资源的稀缺性意味着我们采用一种方法使用资源时，就放弃了用其他方法利用该资源的机会。所以，决策具有机会成本，机会成本指的是错过的最有价值的物品或服务的价值。

（2）交易成本理论

1937年，英国经济学家哈里·科斯（R.H.Coase）在*The Nature of the Firm*中提出了交易成本理论。他在文中提到，马歇尔（Marshall）和克拉克（J. B. Clark）等人都一致认为，企业外由价格机制决定生产导向，在企业内市场交易消失，取而代之的是直接决定生产的企业家。科斯指出在竞争体制下，以价格机制代替资源导向，论述了资源决定交易价格的问题，并进一步提出谈判和生产的成本，即交易成本，交易成本可以概括为获得准确市场信息所需要的费用，以及谈判和经常性契约的费用。他特别提出在价格机制的影响下，交易成本是势必会存在的。而且必然存在着低于市场运行成本的一方。这种基于资本主义国家自由经济性质的研究，对于制度经济学而言，是极其重要的。

奥利弗·伊顿·威廉姆森（Oliver Eaton Williamson）1975年将交易成本区分为以

下几项：①搜寻成本：商品信息与交易对象信息的搜集。②信息成本：取得交易对象信息与和交易对象进行信息交换所需的成本。③议价成本：针对契约、价格、品质讨价还价的成本。④决策成本：进行相关决策与签订契约所需的内部成本。⑤监督成本：监督交易对象是否依照契约内容进行交易的成本，例如追踪产品、监督、验货等。⑥违约成本：违约时所需付出的事后成本。威廉姆森于1985年进一步将交易成本加以整理区分为事前与事后两大类。事前的交易成本包括签约、谈判、保障契约等成本。事后的交易成本包括：契约不能适应所导致的成本；讨价还价的成本，指两方调整适应不良的谈判成本；建构及营运的成本；为解决双方的纠纷与争执而必须设置的相关成本；约束成本，指为取信于对方所需之成本。

（3）社会成本理论

西蒙·德·西斯蒙弟（Simon De Sismondi）最早提出了社会成本概念，而科斯关于社会成本理论的提出，被公认为是西方微观经济学的一场革命。他在《论企业的性质》和《社会成本问题》两篇文章中，进行了深层次的论述，提出一套独特的社会成本理论。他认为：假定市场交易费用为零，只要权利初始界定清晰，则资源配置便可通过市场交易达到最优。虽然其阐述不够充分，但是也说明了站在社会角度讲，生产是可以自然地达成最优的。此后，约翰·莫里斯·克拉克（John Man Rice Clarke）在其著作《社会经济导论》中，详尽地阐述了有关社会价值的概念，把社会价值定义为私人消费效用和私人负担的社会成本两部分。

（4）代理成本理论

经济学家阿道夫·A.伯利（Adolf A. Berle）和加德纳·C.米恩斯（Gardiner C. Means）在其1932年出版的《现代公司与私有财产》中，讨论了公司制度下所有权属性的分离：一方面，由于控制权和所有权的这种分离，才使得财富的巨额集中成为可能；另一方面，这种分离可能会导致所有者与终极经营者的利益产生分歧，并导致原先用来限制权力行使的诸多约束亦告失效。整本书对代理关系的论述，隐含着代理成本的内容，为后人对代理成本理论的研究提供了必要的基础参照，文中也阐述了研究代理成本的必要性，以及解决代理成本问题的意义。而维尔弗雷多·帕累托（Vilfredo Pareto）在福利经济学范围内，提出的帕累托最优也对代理成本产生了巨大的影响。帕累托最优讲述的是资源配置问题，认为对于某种既定的资源配置状态，不存在帕累托改进，即在该状态下任何改变都不可能变得更好，则称这种资源配置状态为帕累托最优状态。而在1979年，简森（Jensen）和梅克林（Meckling）在《企业理论：管理行为、代理成本与所有权结构》中提出，当在委托人（业主）

和代理人（经理）之间的契约关系中，没有一方能以损害他人的财富为代价来增加自己的财富，即达到帕累托最优状态。这便是代理成本研究的核心问题。

（5）信息成本理论

生产的扩大，自然导致生产要素的资源稀缺。斯蒂格勒和阿罗作为最早研究信息经济学的代表人物，从微观角度入手，研究信息的成本和价格，将信息成本概括为个体本身的投入和大量不可逆的资本设备投入两个方面，提出个人为了获得信息需要付出成本这一理论，为信息成本提供理论依据。此后，约瑟夫·斯蒂格利茨于1961年出版了《信息经济学》，成为信息经济学领域的奠基之作。1962年，他又发表了《劳动市场中的信息》一文，提出了信息可以被生产出来并带来收益，而生产信息或获取信息所付出的代价形成了信息成本。这种考虑到信息沟通的成本的方式，为推进成本控制开辟了新的途径，也是完善项目成本控制的又一重大突破。

2.1.2 效益理论

（1）效益的概念

效益是与成本相对应的概念，最初译作“Benefit”。在古典经济学领域中，将效益的概念直接同于收益、利润等的概念；在技术经济学领域，经济效益的定义是经济效益减去劳动消耗，从表达方式上看，与利润的表达方式极其相似；此外，收益和效益也都是表达了商业活动所产所得的概念，而两者的区别主要在于效益有强调节约的意图。

狭义上的效益指的是经济效益，研究的重点是市场资源的优化配置，主体上从企业过渡到国家和社会，范畴上从局部均衡分析中转到一般均衡分析，也就是帕累托效率/效益。广义上的效益指的是人与自然界之间物质变换的经济效益，普遍认为效益包括经济效益、社会效益和环境效益三个方面。本书不涉及环境效益，所以从略。

（2）经济效益理论

经济效益理论按照部门、层次、受益面、时间、评价标准以及决策要求等的不同，大致可以分为：企业经济效益理论、当前经济效益与长期经济效益理论、时机效益理论。时机效益，又称为商机效益，是指由于商品交换的时机不同所形成的综合交易效益差异。不同的交易时机，往往通过影响商品交易价格和交易成本，最终形成不同的综合交易效益。交易时机效益形成的机理主要有两个方面：①因为不同的消费者具有不同的消费偏好；②受价值规律的影响，商品供不应求时，价格会升高；供过于求，价格会降低。

（3）社会效益理论

社会效益的定义众说纷纭，董福忠主编的《现代管理技术经济词典》一书中认为，社会效益评价是人们对所从事的社会活动或人们的社会行为所引起的社会效果的分析评价。社会效益评价可以从社会稳定、政治、国防、就业、福利、文化、精神、道德以及自然、资源、环境、生态等方面进行评价。高学栋认为社会效益分为社会经济效益、社会生态效益、社会精神效益。王捷（2004）认为，社会效益是社会利益的实现程度，社会利益包括企业的利益、居民的利益和政府的利益在内的综合利益。惠东旭（2003）认为，社会效益是根本上对人类社会有利的各种影响。颜伦琴（2004）认为，社会效益是指某一件事情、某一种行为、某一项工程的发生所能提供的公益性服务的效益。

综合人们的研究，社会效益至少包含三个层次的含义：①社会效益是一种可以采用多种评价方法的社会评价；②社会效益是对公共利益的度量；③社会效益和经济效益是一种辩证统一的关系。社会效益评价既包括生产经营类项目，又包括非生产经营类项目，而经济效益评价仅限于生产经营类的项目。公共项目侧重于社会效益的评价，私人投资项目则侧重于经济效益评价。社会效益评价指标更多的是非价值形态的评价指标，而经济效益评价指标一般能够以货币作为度量尺度。

2.1.3 成本—效益分析

成本—效益分析最早由19世纪朱乐斯·帕帕特提出，后来帕累托又重新进行了界定。此后，很长的一段时间内，成本—效益分析理论并未取得明显的进展。20世纪30年代的经济危机，给世界各国敲响了宏观经济政策干预经济运行的必要性的警钟。1936年，美国国会颁布法令，规定公共工程的社会效益一定要大于社会成本。1940年，美国经济学家尼古拉斯·卡尔德和约翰·希克斯在前人研究的基础上，提出了著名的卡尔德—希克斯准则，成为成本—效益分析的理论基础。此后，成本—效益分析开始渗透到美国政府决策的方方面面，并为世界各国广泛采用。

成本—效益分析是通过比较项目的全部成本和效益来评估项目可行性以及项目价值的一种方法。既可以直接进行经济效益评估，又可以评估需要量化的社会效益公共事业项目的价值。在进行社会成本—效益分析时，往往会考虑增加一部分成本，获得尽可能多的使用价值，从而为赚取利润提供尽可能好的基础。其中尽可能少的支出与降低成本的内涵并不完全相同，尽可能少的支出不一定有着降低成本的结果，这就是成本效益理论的核心内容。它可以表述为了省钱而花钱的思想，即为了长期的、大量的减少（相当于现时的机会收入或未来的真实收入）应该支出某些短期看来似乎是高昂的费用。其中在会计学中，又提出效费比（Benefit-Cost Ratio，简称BCR），表示建设项目在计算期内效益流量的现值与费用的现值的比率，是经济分析的辅助评价指标。该比率把费用与效益结合起来讨论项目的经济收益利润问题。

成本—效益分析的模式有以下四种：成本收益分析（Cost Benefit Analysis）、成本效果分析（Cost Effect Analysis）、成本效用分析（Cost Utility Analysis）和成本可行性分析（Cost Feasibility Analysis）。成本收益分析是最为普遍的一种分析方法。成本收益分析法可以简单概括为对某一个方案给社会带来的费用和收益作出评价的分析方法，包括两种具体的假设方法：一种是假设收益一定的情况下，尽量缩减成本，实现最大效益；另一种是上面提到的为了省钱而花钱的思想，即尽可能减少支出，且获得更高的收益。基于本书的项目为政府公益性项目，各项财务指标皆为静态数据，且投资回收期长，经济效益、社会效益的准确数据需要很久以后才能获得。本书倾向于选择成本—收益分析第一种方法模式，即假设收益一定并降低成本，来进行财务上的控制优化。

2.1.4 成本效益理论在数字政府建设中的应用

工程建设领域数字政府的实现能够提高政府业务的效率，降低政府业务的人力成本、办公费用，提高政府的竞争力，全面改善政府绩效。一般来讲，要想实现该目标可以从两个方面入手：①在成本一定的情况下，提高工程建设领域数字政府工程的效益水平；②在效益一定的情况下，降低工程建设领域数字政府工程的成本。

从工程建设领域数字政府工程实施的实际操作角度而言，其效益水平很难量化，工程建设领域数字政府工程建设所产生的效益不仅包括经济效益，还包括社会效益，比如，工程建设领域数字政府建成后，能够给居民和企业带来便利程度的大小、减少了潜在寻租行为而产生的损失的多少等。因此，从保障工程实施角度分析，如何降低工程建设领域数字政府工程建设的成本，是决定工程能否成功的核心因素之一。所以，需要对工程建设领域数字政府工程建设过程中耗费的物化劳动进行控制和监督管理。

此外，根据前文内容可知，工程建设领域数字政府工程建设涉及G2G、G2B、G2C等多个方面的内容，因此，在计算工程建设领域数字政府工程系统成本时，其社会成本既要包括政府成本，也应包括用户成本；从技术层面讲，工程建设领域数字政府工程建设成本则包括信息处理成本、规则理解成本、传递成本三个方面。

因此，需要在全寿命周期理论的指导下，对工程建设领域数字政府工程建设成本实施全过程管理，并加强过程控制，从工程建设的规划、设计、招投标、施工、运维等各个环节都要进行有效管理，而这，首先需要建立一个工程建设领域数字政府工程建设的组织管理机构，其次需要明确该组织管理机构的组织结构及各自的分工，明确责、权、利，将成本管理的各项内容层层分解，使成本效益管理的思想贯彻到工程建设领域数字政府工程建设、管理的方方面面。

通过对工程建设领域数字政府成本管理层面的研究，有利于分析政府和政府部门实施工程建设领域数字政府工程的经济成本与社会成本构成，综合各维度的成本，在社会效益最大化指导方针下，共同推动工程建设领域数字政府工程的建设。

因此，通过运用成本管理理论，有助于厘清工程建设领域数字政府工程建设在成本维度上的机制，为制定合理的工程建设领域数字政府工程成本管理方法和工程管理模式、构建强效的工程建设领域数字政府工程建设成本控制体系提供理论依据。

2.2 数字政府建设的博弈理论

2.2.1 博弈理论

博弈论，作为一门相对独立的理论被研究，并用以指导人们社会生产生活实践的时间并不长。但是，博弈论思想却早已产生，比如:《圣经》中提到的“An eye for an eye and a tooth for a tooth”，现多简称为“Tit for tat”，即以眼还眼、以牙还牙的思想，我国古代田忌赛马的故事，都可以视作博弈论思想的经典案例。按照字面意思解释，弈指下棋，博指人多，博弈即指多人下棋，则博弈论即为研究如何在多人下棋中胜出的理论。博弈论，英文为“Game Theory”，是研究决策主体的行为发生直接相互作用时如何决策以及决策均衡是否存在的理论，因此，博弈论又称为对策论。按照博弈论从无到有的顺序，博弈理论的发展大致可以划分为四个阶段。具体包括：

（1）博弈论萌芽阶段（19世纪30年代—20世纪40年代）

博弈论的发展与西方社会经济的发展有着直接的联系，1825年经济危机的爆发，促使西方学者寻找能够为资本主义制度辩护的理论，庸俗经济学应运而生。在马克思和恩格斯分别发表了《政治经济学批判大纲》之后，出于对资本主义制度辩论的考虑，庸俗化了的资产阶级经济学开始了边际革命，向数理经济学的方向迈进。正是在这种形势下，1838年库诺特（Cournot）建立了库诺特模型，主要研究产量决策问题；1883年，伯川德（Bertrand）建立了伯川德模型，主要解决价格决策问题，该模型是早期博弈论中的经典模型；1925年，埃奇沃斯（Edgeworth）建立了埃奇沃斯盒状模型，主要研究生产和交换的帕累托最优效率问题；20世纪20年代，波雷尔（Borel）通过引入最佳策略的概念，研究下棋等决策问题，并希望将该思想发展成为应用数学的一个分支，开始正式探索博弈论的理论体系。

（2）博弈论正式产生（1944）

1944年，由约翰·冯–诺依曼（John von-Neumann）和奥斯卡·摩根斯坦恩（Oskar Morgenstern）共同编著的《博弈论和经济行为》一书出版，标志着经济博弈论正式产生。他们在书中引进博弈理论的思想，提出大部分经济问题都应该被当作是博弈来分析。他们介绍了博弈的扩展式和标准式（或策略式）的表示法，定义了最小最大解，并证明了只有两个参与人时零和博弈的存在。至此为止，博弈论的理论基础和方法论都得到了较为系统的界定，博弈论的研究也逐渐变得有章可循。

（3）博弈论成长阶段（20世纪50年代—80年代）

1950年，纳什（Nash）针对完全信息静态博弈展开了研究，证明了有限博弈均衡点的存在，即纳什均衡（Nash Equilibrium）存在。同年，塔克（Tucker）建立了著名的囚徒困境（Prisoners' Dilemma）模型，证明了纳什均衡的科学性和合理性。1951年纳什（Nash）再次发表文章，对纳什均衡（Nash Equilibrium）的相关问题进行了阐述，指出：参与人事先制定的行为规则，如果不满足纳什均衡的要求，该行为规则就不会得到自觉遵守，事先达成的各种协议也就失去了意义。纳什（Nash）和塔克（Tucker）的研究为后续的非合作博弈奠定了良好的基础。

除了非合作博弈之外，纳什（Nash）在合作博弈领域也有着一定的贡献。1953年纳什（Nash）和夏普里（Shapley）提出了讨价还价模型，称为纳什讨价还价解（Nash Bargaining Solution）。1953年，吉利斯（Gillies）和夏普里（Shapley）对核心

（Core）的概念进行了研究。

合作博弈和非合作博弈共同构成了古典博弈理论，其中：非合作博弈是古典博弈理论研究的重点。1965年，泽尔腾（Selten）针对完全信息动态博弈展开了研究，提出了子博弈精炼纳什均衡的概念；1967年、1968年，海萨尼（Harsanyi）针对不完全信息静态博弈展开了研究，提出了贝叶斯纳什均衡的概念。1970年阿克尔洛夫（Akerlof）在研究了二手车市场卖方与买方在信息不对称的情况下，如何进行消费决策的问题，逆向选择理论随之产生。1973年、1974年，斯彭斯（Spence）对劳动力市场资方与劳方在信息不对称的情况下，资方是否按照劳动力市场真实需求向市场传达信息的问题进行了研究，信息传递博弈模型随之诞生。1976年，罗斯柴尔德（Rothschild）和斯蒂格利茨（1976）同样对在信息不对称情况下，保险市场如何进行信息甄别进行了研究。

为了表彰纳什（Nash）、泽尔腾（Selten）、海萨尼（Harsanyi）等在非合作博弈理论研究中的突破性贡献，他们被授予了1994年的诺贝尔经济学奖。为了表彰阿克尔洛夫（Akerlof）、斯彭斯（Spence）、罗斯柴尔德（Rothschild）和斯蒂格利茨（1976）在信息经济学领域的突出贡献，他们被授予了2001年的诺贝尔经济学奖。

（4）博弈论发展阶段（20世纪80年代至今）

1975年泽尔腾（Selten）、1982年克瑞普斯（Kreps）和威尔逊（Wilson）、1991年弗登伯格（Fudenberg）和泰勒尔等先后针对不完全信息动态博弈展开了研究。此外，1973年梅纳德（Maynard）和普莱斯（Price）、1974年梅纳德·史密斯提出了演化博弈中最基本的概念——演化稳定策略（Eolutionarily Stable Strategy，ESS）。1982年梅纳德·史密斯（Maynard Smith）对演化博弈理论的发展又做出了突出的贡献。1991年弗里德曼（Friedman）对演化博弈在经济学中的应用进行了广泛的探讨。

随着实验经济学的兴起，实验博弈也加入了博弈论研究的大家庭。1962年弗农·史密斯（Vernon Smith）提出了双向口头拍卖（Double Oral Auction）机制，被视作是实验经济学的基础，他也因此获得了2002年诺贝尔经济学奖。

经过长时间的发展，博弈论理论体系逐渐成熟。目前，博弈论可以划分为古典博弈、演化博弈和实验博弈三大类，其中，古典博弈又分为合作博弈和非合作博弈。随着研究的深入，博弈论正得到越来越多学科尤其是经济学科的接受和运用，贯穿了几乎整个微观经济学领域，在宏观经济学、产业组织理论及福利、劳动、环境经济学等方面的研究中也占有重要地位。博弈论的发展历程如图2-1所示。

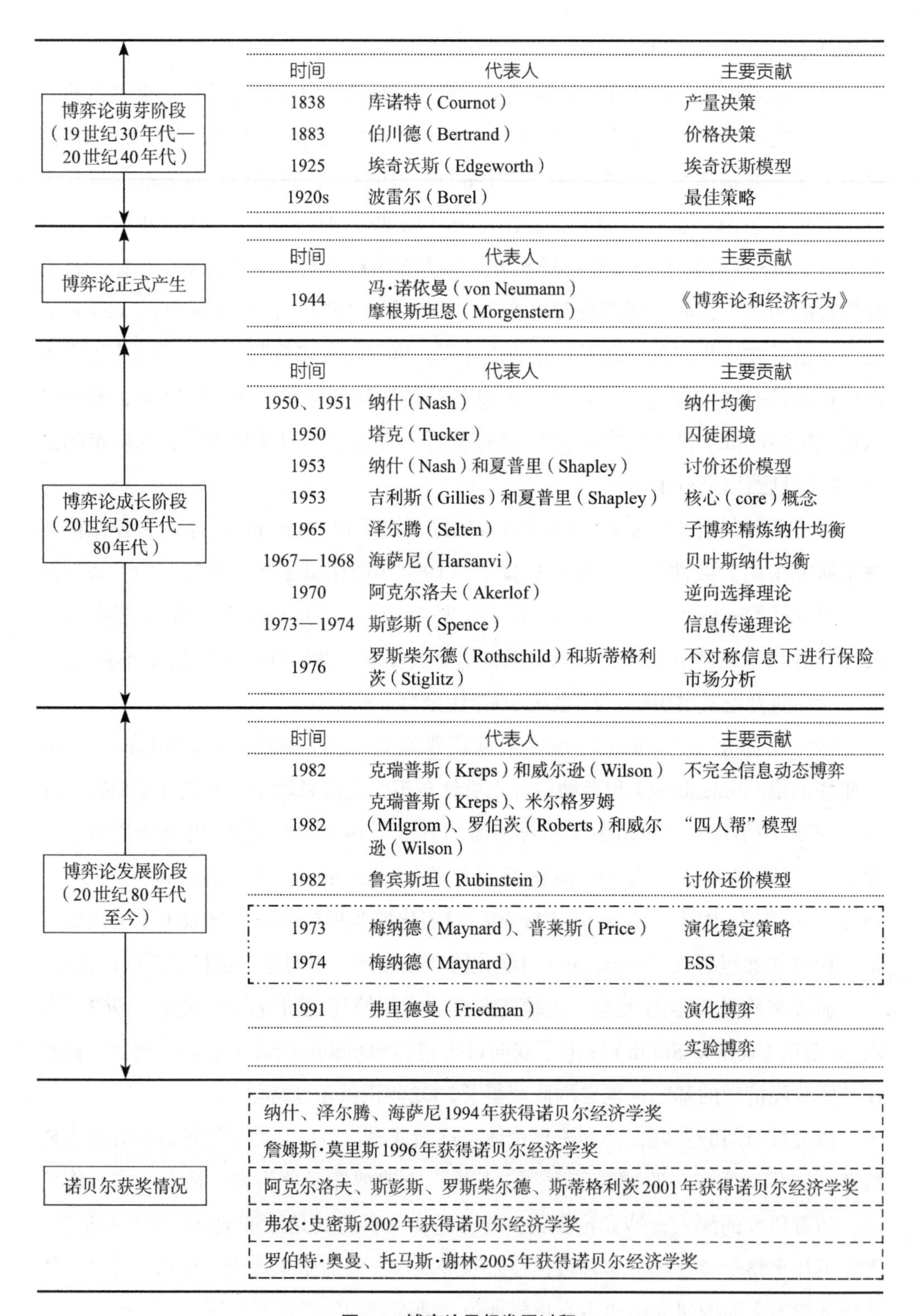

图2-1　博弈论思想发展过程

2.2.2 博弈论在数字政府建设中的应用

博弈论是一个分析工具包，用来帮助人们理解所观察到的决策主体相互作用、相互影响的现象；人们之间决策行为相互影响的例子很多，比如国家与国家之间的外交关系、企业与企业之间的市场竞争，我国的中央政府与地方政府之间也存在一种博弈，中央政府采取一种行动会影响地方政府的行动，反过来地方政府的行动又会使中央政府采取相应的对策。如3.3.1中所描述的，工程建设领域数字政府工程设计的行为主体主要包括政府、企（事）业单位和居民，为了达到数字政府工程建设的目标，即：三者提供数字化服务，提高与其相关各种业务的效率和效果，那么，数字政府工程建设就尽可能同时满足三者的需求。但是，很多情况下，政府、企（事）业单位和居民对工程建设领域数字政府的需求并不完全相同。目前，政府、企（事）业单位和居民对数字化服务的认识并不存在太大的差别，对工程建设领域数字政府工程建设必要性和重要性的认识比较到位，其中最为关键的是，如何确保自身利益的最大化，而这表现得最为明显的是中央政府和地方政府、地方政府和下属各政府部门之间。因此，在理性经济人的假设前提下，通过建立博弈模型，能够分析中央政府推进工程建设领域数字政府工程建设过程中，应该采取什么样的政府干预策略，尤其是应该采取什么样的财政补贴策略。同时，可以分析地方政府会采取何种应对措施，通过进一步求解博弈均衡结果，有助于中央政府合理选择工程建设领域数字政府工程建设试点城市，实现以点带面、辐射扩散，有层次、有规划地推进工程建设领域数字政府工程建设的良好局面；有助于地方政府把握实施工程建设领域数字政府工程建设和使用工程建设领域数字政府工程系统的时机，从而为企（事）业单位和居民提供更好的数字化服务。

通过建立政府和职能部门的博弈模型，有助于发现政府和政府部门的投资决策主要受哪些因素的影响，有助于政府和政府部门做到思想和行动保持一致，共同推动工程建设领域数字政府工程的建设。

因此，通过运用博弈理论，有助于厘清工程建设领域数字政府建设的内在机理，为确立科学的工程建设领域数字政府工程管理方法、制定合理的工程建设领域数字政府工程管理模式、建立有效的工程建设领域数字政府建设保障体系提供理论依据。

2.3 政府监管理论

2.3.1 政府监管理论的发展

（1）监管的概念

政府监管（Government Regulation）简称监管，通常被译为“管制”“规制”或者“监管”。在学术界较多地使用“管制”或“规制”，而在实际部门，习惯使用“监管”。使用“管制”还是“规制”，往往取决于学者们的不同偏好，并不存在实质性的区别。

监管是指具有法律地位的、相对独立的规制者（机构），依照一定的法规对被规制者（主要是企业）所采取的一系列行政管理与监督行为。构成监管概念包括三个关键要素，其一，监管的主体（监管者）是政府行政机关（简称政府），监管者通过立法或其他形式被授予监管权；其二，监管的客体（被监管者）是各种经济主体（主要是企业）；其三，监管的主要依据和手段是各种法规（或制度），明确规定限制被监管者的什么决定，如何限制以及被监管者违反法规将受到的制裁。在政府监管概念的三个关键要素中，最关键的是作为政府监管依据和手段的各项规则（或制度）。这些规则可能是法律，也可能是法律效力较低的各项规定。无论是法律还是规定，它们都是政府制定的，具有相当的强制力。监管经济学主要包括经济性监管、社会性监管和具有相对独立性的反垄断监管这三部分内容[46, 47]。

（2）政府监管理论的发展

第一，公共利益理论。在监管的俘获理论出现之前，流行的监管理论是公共利益理论。公共利益理论认为市场存在失灵，监管的目的是增加公众福利，即弥补市场缺陷带来的效率损失，并得到社会认可的收入分配状况。在公共管理和公共政策领域，最古老的研究思路理性主义（或唯理主义）传统，就秉持“公共利益理论”。这一传统将公共利益理念建立在完备理性和完美道德政府的假定之上。政府是公共利益的代言人，将社会福祉最大化视为自身行动和公共政策的终极目标。政府理应无所不知，对公共政策的相关信息有完备的信息；政府也理应无所不能，能了解一个社会所有价值偏好及其权重，了解所有可能的备选方案，通晓每一个备选方案的可能效果（包括经济、社会和政治效益），精确地计算和权衡每一个备选方案的成本和效益，从而选定最佳的公共政策和实施最完美的政策执行[48]。

监管公益性理论不仅认定政府监管的实施能够实现公众利益的最大化，而且也判定政府监管的实施能够实现公众利益的最大化。然而，依照以乔治·施蒂格勒（George Stigler）为代表的芝加哥学派的理论分析，“公众利益”是一个虚无缥缈的概念，而在现实世界中，政府监管者不仅有可能被监管对象（尤其是大企业）所俘获[49]，并且有可能对监管的目标受益者（尤其是消费者）带来意想不到的负面影响[50]。

1971年，施蒂格勒发表《经济监管论》。首次尝试运用经济学的基本范畴和标准分析方法来分析监管的产生，开创了监管经济理论。施蒂格勒将经济学的方法用于研究监管的供给和需求，将政治纳入到经济学的供求分析的框架中，从此监管成为经济系统的一个内生变量。后来，佩尔兹曼[51]和贝克尔[52]等人在其研究的基础上，进一步发展和完善了监管经济理论。乔治·施蒂格勒在1982年获得诺贝尔经济学奖，而贝克尔在1992年获得诺贝尔经济学奖。监管俘虏理论认为：监管通常是产业自己争取来的，监管的设计和实施主要是为监管产业自己服务的。监管的提供正适应产业对监管的需求（即立法者被监管中的产业所控制和俘获），而且监管机构也逐渐被产业所控制（即监管者被产业所俘虏）。监管俘虏理论的基本观点是：不管监管方案如何设计，监管机构对某个产业的监管实际是被这个产业“俘虏”，其含义是监管提高了产业利润而不是社会福利。

第二，寻租理论。寻租理论萌芽于20世纪60年代，正式确立于20世纪70年代，至今已得到长足发展。美国经济学家戈登·图格尔在1967年发表的《关税、垄断和盗窃的福利成本》一文中，就隐约涉及了“租金”及“寻租”的基本原理。而把“寻租”作为一个经济学范畴正式提出的是美国经济学家克鲁格。他在1974年发表的《寻租社会的政治经济学》一文中，深入研究了由于政府对外贸的管制而产生的对“租金”的争夺，并设计了数学模型对其进行计算和论证。这篇文章被经济学界视为“寻租理论”的一个里程碑。1980年布坎南发表《寻求租金与寻求利润》。詹姆斯·布坎南（James M. Buchanan）是美国著名经济学家、公共选择学派的代表人物、1986年诺贝尔经济学奖得主。依照寻租理论，特殊利益集团通过合法游说活动对包括管制在内的公共政策的制定施加影响，导致管制政策有可能成为寻租的结果，而寻租对经济活动造成了严重的扭曲[53]。

第三，可竞争市场理论。可竞争市场的概念是美国著名经济学家W.J.Baumol于1981年12月29日在其就职美国经济学会主席的演说中首次提出的。其后，1982

年，他与另两位经济学家J. C. Panzar和R. D. Willing合著出版了《可竞争市场与产业结构理论》(*Contestable Markets and the Theory of Industry Structure*)一书，从而系统形成了可竞争市场理论。

第四，激励规制理论。激励规制理论也称为新规制理论，其最主要的发展就是在规制问题中考虑了信息约束，也就是说现代规制理论的形成在很大程度上得益于信息经济学的发展。从劳伯和马盖特（1979）最先将规制看成一个委托—代理问题开始，巴隆和梅耶森（1981）、拉丰和梯若尔（1985）等做了现代规制理论发展过程中的最重要的工作，而拉丰和梯若尔1993年发表的《政府采购和规制中的激励理论》被视为是迄今为止对新规制理论做了最完整的阐述。梯若尔获得了2014年诺贝尔经济学奖。新规制理论的要点是，由于存在信息的不对称，效率与信息租金是一对共生的矛盾。在得到效率的同时，必须留给企业信息租金，而信息租金会带来社会成本，这就是效率和信息租金不可兼得。为了得到最好的规制政策，政府需要尽可能地利用企业的私有信息。其政策含义是政府需要使用机制设计作为理论分析工具，满足激励相容，在某些特定的规制工具下可以实现最优规制。

1970年，美国经济学家Alfred.E.Kahn的《规制经济学：原理与制度》的出版标志着规制经济学作为一门学科的诞生[54, 55]。从此，规制经济学的研究踏上了学科化和系统化之路。

2.3.2 监管理论在数字政府建设中的应用

城市建设过程中涉及众多的政府部门，如表2-1所示。还涉及自然垄断单位，比如电力、水务、热力、燃气等供应单位，还有电信、有线电视等寡头。

城市建设领域政府监管部门及其职责 **表2-1**

政府部门	职责
发展改革委员会	项目审批、核准、备案及验收、固定资产节能评审
安全监督管理部门	安全评价及验收
环境保护部门	环境影响评价及验收
水利部门	水土保持评价及验收
文物管理部门	地下文物钻探
地震管理部门	地震安全评价
卫生管理部门	劳动安全卫生评价及验收

续表

政府部门	职责
武警消防部门	消防审查及验收
质量监督管理部门	特种设备检验
国土部门	办理征地和土地使用权
园林管理部门	绿地、绿化
人防管理部门	人民防空审查及验收
气象管理部门	防雷接地审查及验收
审计管理部门	竣工验收审计
财政管理部门	财务会计审查
规划管理部门	规划审查及验收
劳动和社会保障管理部门	劳动防护审查及验收
建设行政主管部门	安全监督、质量监督、市场行为监督
工商行政管理部门	企业经营范围
税务部门	企业经营发票
档案管理部门	城建档案验收

在城市建设过程中，众多的政府部门出台了各自相应的政策、法律法规和相关的技术标准和技术规范对各自的主管范围进行了规制，城市建设行业是政府规制最多的行业。这些部门的规制既涉及经济性规制，比如对建筑市场的规制和对造价的规制，又涉及社会性规制，比如政府对工程质量和工程建设安全的监督，对施工现场文明施工和环境保护的要求，对绿色施工的要求等。政府部门的规制既可以用行政许可准入的方式，比如对个人执业资格的准入确定和对企业资质的限定，也可以用行政手段的方式，比如土地和规划部门确定了土地的容积率、园林部门规定了绿化率，建设行政主管部门对招投标环节进行集中管理等，发展改革部门采用行政审批的方式确定项目是否能够上马等，也可以采用经济性手段，比如补贴或者税收的方式。

对工程建设领域政府部门规制应采用规制理论进行分析。首先，工程建设领域的政府规制既可以采用传统的公共利益规制理论进行分析，即政府部门规制是为了维护公共利益和公众安全，这一点往往体现在我国法律法规条文的立法目的阐述上；其次，工程建设领域政府部门规制也可以采用经济性规制理论进行分析，即有的时候政府部门由于人员和技术力量等经济条件限制，对一些应该规制的部分可能无所作为，比如对一些违章违建项目的识别和拆除执行无法完成等；再次，工程建设领域政府规制也可以利用部门利益规制理论进行俘虏和寻租方面的分析，工程建设领域涉及的投资额巨大，从以往发生的民事和刑事案件来看，既有通过行贿俘虏政府官员的大量案例发生，也有政府官员利用手中的权力寻租导致的大量案例发生；最后，工程建设领域的政府规制也可以采用激励性规制理论进行分析，比如，历史上我国曾经发生过执法部门执行执法罚款分成的方式，极大地调动了执法人员的积极性，但是后来的收支两条线制度的执行，执法罚款和政府部门个人的收入不相干，极大地降低了执法人员执法罚款的积极性。

工程建设领域信息化过程中既涉及企业信息化，也涉及政府部门的信息化，还涉及项目的信息化；既涉及技术信息化，又涉及管理信息化。只有利用规制理论进行分析和研究，才能取得合理的结论，才能提供合理的解决方案。

2.4 本章小结

为了厘清工程建设领域数字政府建设的内在机理，介绍并分析了成本效益理论、博弈理论和规制理论的提出、发展及应用领域，并结合工程建设领域数字政府工程的特点，论证了将成本效益理论、博弈理论和规制理论用作工程建设领域数字政府建设机理的理论基础的合理性。

第3章 建设工程各方基于BIM的管理

3.1 BIM的概念及其特征和发展

建筑业是创造固定物质财富的行业，对经济做出了巨大的贡献。利用信息技术提升建筑业生产率是人类的选择。目前在美国，信息技术在建筑业中的应用是最为热门的研究方向。BIM被认为是全球建筑业的变革性理念和里程碑技术。BIM技术解决了困扰工程建设项目管理的两大难题——海量基础信息全过程分析和工作协同，已被国际建筑业界公认为是一项提高建筑业生产力的革命性技术。BIM的利用能够真正实现信息集成化，而且还被认为会给建筑业带来巨大收益和显著生产力的提高。

BIM是一个不断深入和发展的概念，BIM引领了建设领域的第二次信息革命，其广度和深度远超CAD引起的信息化。随着BIM的不断深入发展，目前建设领域正在进行的是“BIM+”。

3.1.1 BIM的概念

BIM技术不只是一套工具软件，也是一套管理和信息生成的新技术，它是一些技术的统称，它代表了建筑业产业技术发展和服务提供的新的思维，代表了建筑业发展的方向。BIM适用于工程建设的全生命周期，其使用者可以是业主方、设计方、施工方、物资供应方、运营方和政府监督管理方等，所以BIM是一种可以全面应用的技术。应用BIM技术会带来工程建设的智能化，所以它还代表了一个新的建筑业时代的来临，代表了一种新的思维，会给建筑业带来根本性的变革。

对于BIM的认识纷纭复杂，大致可以划分为四类。

第一类是各个国家的标准或协会（或学会）的标准里面表述的概念，比如美国国家BIM标准（NBIMS，National Building Information Modeling Standard）对BIM的定义[66]。美国标准对BIM的认识包括了四个层次，即产品、共享的信息、工作过程和各方的操作。

这类认识可以称为官方的认识，尤其以美国标准为代表，得到了广泛的传播和认可。这与其所处的地位和所接触的信息有关，这类认识和有些协会（或学会）一样，都云集了业界大多的智囊和有识之士，体系了顶尖专家和学者的共识。

第二类认识是各国的专家和学者对BIM的认识。如果说第一类认识可以称为官方认识，那么第二类认识则可称为学界的认识。比如Chuck Eastman等在*BIM Hand Book*[67] 中认为BIM是一种创立、沟通和分析建筑模型的建模技术和过程。由于学界的研究大都从不同的角度出发，其认识也往往不同，有横看成岭侧成峰之感，但正是这种种不同的认识扩宽了概念的内涵和外延。

第三类认识则是软件开发商的认识，这类认识往往是基于其自身开发的软件，在软件开发和推广中形成的认识。比如，全球有名的软件开发商Autodesk在其发布的《Autodesk BIM白皮书》中对BIM进行了如下定义：BIM是一种用于设计、施工、管理的方法，运用这种方法可以及时并持久地获得高质量、可靠性好、集成度高、协作充分的项目信息。这一类认识有可能和工程实践相结合，也有可能有较大偏差，部分反映和归纳了工程实践的认识，这类认识也因为开发软件的不同而各异。但这类认识终归是基于软件开发技术的认识，这和站在工程实践的物质角度往往有所差异。

第四类认识则是业界的认识。这类认识也因为各方所处的地位和角度不同而有所差异，比如设计方的认识、施工方的认识和业主方的认识等亦有差异。这类认识往往会受第一类认识和第三类认识的影响，尤其是在第一类认识缺乏的情况下，受第三类认识的影响较深较大。因为第三类认识的背后是商业推广的力量在起作用，是商业行为，而且因为有软件作为背景，可以将其认识直观化、可视化，所以这类认识对业界认识也有巨大影响。

以上各类认识相互作用，也随时间的推移和实践深入继续发展，甚至有人预言说像CAD一样，CAD就是CAD，BIM就是BIM。总体而言，BIM一方面被用来描述有关工程建设的信息和各种属性等，另一方面该模型或建模过程被用来共享和交换数据，协同工作。Building不仅仅指建筑物，也指构筑物，包括各类建筑物、道路、桥梁、港口、码头、地铁和隧道等等的各类城市基础设施，不过人们约定俗成地采用Building一词，可能当时定义这个概念的Atuodesk公司仅仅指建筑物，但是现在工程人员已经将BIM扩展到各类建筑物和基础设施中去了，甚至可能泛指各种人造的土木工程实体。

BIM的重点首先是B和M，但其核心在I，工程建设者作为信息的创建者和使用者，是通过现代的新兴的信息技术反映工程实体的各种信息，能为各方协作提供新的途径。但是工程建设终究要落实到物质实体上，所以工程建设和实践应以工程本身的技术为主体，以信息技术为辅助手段，切不可以信息技术代替工程技术，BIM技术能否发挥应有的效应和更好的效益在于信息技术和工程技术两者能否完美结合。

3.1.2 BIM的关键特征

首先，BIM是一种工具，而且是一种先进的信息工具。对于信息的表达，有很多种方式，可以是语言文字方式，可以是图表方式，可以是实物模型的方式，还可以是图像、音频和视频等各种方式。建筑语言以前用图纸来表达，其结果是建筑蓝图，后来用数字化的方式来表达就是CAD，这种表达方式只限于二维的。现在用BIM来表达信息，不仅仅是三维的，而且是包括了很多其他各方面的信息的，即项目各个阶段、各个专业、各个参与方、各个方面如造价进度等的信息。但是BIM归根到底是一种工具，一种先进的信息工具。这种先进的信息工具可以改变我们的工作方式，不能从根本上改变我们要修建的建设工程项目，建设工程项目本身是不能够信息化的，最终的建设工程项目必然是一个物质实体。Autodesk负责全球企业战略的副总裁Jon Pittman先生说："我们是软件工具制造商，不是我们自己使世界变得更精彩，我们只是制造工具辅助设计师使世界变得更精彩[67]。"归根到底，BIM只是在数字世界里面发生，没有实体。

其次，BIM是一个平台。BIM绘制图纸的方式和传统的CAD不同，CAD是传统的手工绘制图纸方式的数字化，仅仅改变了工具，没有改变表达方式，其表达方式还是传统的点、线、面的方式。传统信息创建需要设计师先从自己的脑海里形成三维的图像，然后用二维的点、线、面的表达方法，通过专业技巧表达出来。读者必须具备一定的专业技巧才能识读图纸，然后在读者脑海中生成三维的图像，这个图像是否和设计师的图像一致，不仅需要专业技巧，还需要花费很多时间进行沟通，而且还不能够确保两者一致。当然，还可以使用实物模型来直观地表达信息，但是实物模型表达的信息是静止的，只包含了三维的信息，这样就有了很大的局限性，不能够进行更新和改造，前面工作成果形成的信息往往会在后一个阶段的使用中流失。BIM是一个各方工作的平台，各方的工作成果都是可视化的，可以根据需要将各方的模型进行集成，也可以根据需要将各个阶段的工作成果集成，创建、插入、提取和储存的相关信息都可以反映到有需要的各方，可以实现有关各方的无缝集成，无缝的协作，比如设备的信息修改后，设备模型更新的信息可以被建筑设计、结构设计等各方看到。这样BIM提供的平台就实现了信息的动态化。因为项目的发生和发展的过程是一次性的、渐进的，所以项目发生和发展的过程中，人们对其的认识也是逐渐加深的、累积的，其信息可以随项目的发展不断累积，不至于断层和流失。基于BIM平台的协作成果的可视化对项目业主尤其重要，由于工程建设的一次性特征，业主往往不具备工程建设众多专业的知识，也不具备专业的技巧，但是工程建设总而言之是为业主服务的，是要反映业主的建设意图的，所以在可视化条件下为业主和有关各方沟通提供了良好的平台，提供了便利条件和有效手段。在BIM平台的基础上，还可以利用专业软件实现项目的细部漫游，从而考察建筑物的各个细部环节是否符合使用者的要求，而不需要使用者具备专业读图能力和专业知识。

再次，BIM的信息是全信息。BIM创建信息采用的是构件化和参数化的方式。是将建筑物通过分割成为一个个的构件或物件比如柱、梁、板、墙等来创建信息，对每一个构件或者物件辅之以参数化的信息来表达，这些参数包含了物件或构件的全部信息，包括三维几何信息、物理信息、功能信息、管理信息、价格信息等，所以BIM的信息是全信息。这样，BIM在创建、传递信息过程中确保了信息的完全性、一致性和完整性。另外，BIM环境下可以实现可视化，而且包含了需要的信息，所谓“所见即所得”。理想状态下，在工程建设项目最终交付时，交付的模型应该是包含了项目全体信息的模型，这样可以在项目使用期中长期使用。

最后，BIM可分析和模拟。由于BIM提供和包含了全面的信息，在专业软件的基础上可以实现工程建设的各种分析和模拟。比如，在前期和设计阶段可以实现建筑物的各种分析，如环境影响分析、节能减排分析、噪声分析、结构分析、机电管线系统分析、空间冲突分析、日照分析、功能分析等。在采购和施工阶段可以进行施工现场布置的模拟、施工进度模拟及加入资源维度、费用维度等N维的模拟，从而实现先模拟检验再动手兴建，达到先试后建的目的，可以减少返工浪费和重做等诸多的建设问题，也减少甚至杜绝了设计变更和修改。另外，由于BIM信息的全面性和精确性，可以实现预制构配件的工厂化制作，从而为建筑工业化助力。

3.1.3 BIM+

不仅如此，BIM技术还可以和目前几乎所有的先进的ICT技术相连接，这为未来的智能化甚至于智慧化的城市管理提供了可能。新一代信息技术正在引领世界科技革命和经济发展，新兴信息技术在建设领域的应用是嫁接在BIM的基础上进行的，建设领域信息化的新动向是BIM+，通过BIM+云计算、3D打印、3R、3S和物联网等技术逐渐应用到建设领域。目前，正在引领建设领域信息化向更广泛更深刻的方向发展，如图3-1所示。

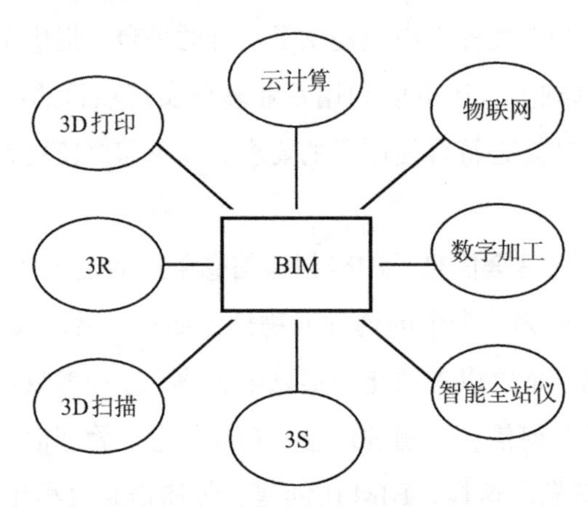

图3-1 BIM+各种新兴信息技术

（1）BIM+云计算

云计算是一种基于互联网的计算方式，以这种方式共享的软硬件和信息资源可以按需提供给计算机和其他终端使用。

BIM与云计算集成应用，是利用云计算的优势将BIM应用转化为BIM云服务，目前在我国尚处于探索阶段。

基于云计算强大的计算能力，可将BIM应用中计算量大且复杂的工作转移到云端，以提升计算效率；基于云计算的大规模数据存储能力，可将BIM模型及其相关的业务数据同步到云端，方便用户随时随地访问并与协作者共享。

云计算使得BIM技术走出办公室，用户在施工现场可通过移动设备随时连接云服务，及时获取所需的BIM数据和服务等。

天津高银金融117大厦项目，在建设之初启用了广联云服务，将其作为BIM团队数据管理、任务发布和信息共享的数据平台，并提出基于广联云的BIM系统云建设方案，开展BIM技术深度应用。

根据云的形态和规模，BIM与云计算集成应用将经历初级、中级和高级发展阶段。初级阶段以项目协同平台为标志，主要厂商的BIM应用通过接入项目协同平台，初步形成文档协作级别的BIM应用；中级阶段以模型信息平台为标志，合作厂商基于共同的模型信息平台开发BIM应用，并组合形成构件协作级别的BIM应用；高级阶段以开放平台为标志，用户可根据差异化需要从BIM云平台上获取所需的BIM应用，并形成自定义的BIM应用。

（2）BIM+物联网

物联网是通过射频识别、红外感应器、全球定位系统、激光扫描器等信息传感设备，按约定的协议将物品与互联网相连进行信息交换和通信，以实现智能化识别、定位、跟踪、监控和管理的一种网络。

BIM与物联网集成应用，实质上是建筑全过程信息的集成与融合。BIM技术发挥上层信息集成、交互、展示和管理的作用，而物联网技术则承担底层信息感知、采集、传递、监控的功能。

二者集成应用可以实现建筑全过程“信息流闭环”，实现虚拟信息化管理与实体环境硬件之间的有机融合。目前BIM在设计阶段应用较多，并开始向建造和运维阶段应用延伸。物联网应用目前主要集中在建造和运维阶段，二者集成应用将会产生极大的价值。

在工程建设阶段，二者集成应用可提高施工现场安全管理能力，确定合理的施工进度，支持有效的成本控制，提高质量管理水平。比如，临边洞口防护不到位、部分作业人员高处作业不系安全带等安全隐患在施工现场无处不在，基于BIM的物联网应用可实时发现这些隐患并报警提示。高空作业人员的安全帽、安全带、身份识别牌上安装的无线射频识别，可在BIM系统中实现精确定位，如果作业行为不符合相关规定，身份识别牌与BIM系统中相关定位会同时报警，管理人员可精准定位隐患位置，并采取有效措施避免安全事故发生。

在建筑运维阶段，二者集成应用可提高设备的日常维护维修工作效率，提升重要资产的监控水平，增强安全防护能力，并支持智能家居。

BIM与物联网集成应用目前处于起步阶段，尚缺乏数据交换、存储、交付、分类和编码、应用等系统化、可实施操作的集成和实施标准，且面临着法律法规、建筑业现行商业模式、BIM应用软件等诸多问题，但这些问题将会随着技术的发展及管理水平的不断提高得到解决。

(3)BIM+数字化加工

数字化是将不同类型的信息转变为可以度量的数字，将这些数字保存在适当的模型中，再将模型引入计算机进行处理的过程。数字化加工则是在应用已经建立的数字模型基础上，利用生产设备完成对产品的加工。

BIM与数字化加工集成，意味着将BIM模型中的数据转换成数字化加工所需的数字模型，制造设备可根据该模型进行数字化加工。目前，主要应用在预制混凝土板生产、管线预制加工和钢结构加工3个方面。

一方面，工厂精密机械自动完成建筑物构件的预制加工，不仅制造出的构件误差小，生产效率也可大幅提高；另一方面，建筑中的门窗、整体卫浴、预制混凝土结构和钢结构等许多构件，均可异地加工，再被运到施工现场进行装配，既可缩短建造工期，也容易掌控质量。

深圳平安金融中心为超高层项目，有十几万平方米风管加工制作安装量，如果采用传统的现场加工制作安装，不仅大量占用现场场地，而且受垂直运输影响，效率低下。为此，该项目探索基于BIM的风管工厂化预制加工技术，将制作工序移至场外，由专门加工流水线高效切割完成风管制作，再运至现场指定楼层完成组合拼装。在此过程中依靠BIM技术进行预制分段和现场施工误差测控，提高了施工效率和工程质量。

未来，将以建筑产品三维模型为基础，进一步加入资料、构件制造、构件物流、构件装置以及工期、成本等信息，以可视化的方法完成BIM与数字化加工的融合。

同时，更加广泛地发展和应用BIM技术与数字化技术的集成，进一步拓展信息网络技术、智能卡技术、家庭智能化技术、无线局域网技术、数据卫星通信技术、双向电视传输技术等与BIM技术的融合。

(4)BIM+智能型全站仪

施工测量是工程测量的重要内容，包括施工控制网的建立、建筑物的放样、施工期间的变形观测和竣工测量等内容。

近年来，外观造型复杂的超大、超高建筑日益增多，测量放样主要使用全站型电子速测仪(简称“全站仪”)。随着新技术的应用，全站仪逐步向自动化、智能化方向发展。

BIM与智能型全站仪集成应用，是通过对软件、硬件进行整合，将BIM模型带入施工现场，利用模型中的三维空间坐标数据驱动智能型全站仪进行测量。二者集成应用，将现场测绘所得的实际建造结构信息与模型中的数据进行对比，核对现场施工环境与BIM模型之间的偏差，为机电、精装、幕墙等专业的深化设计提供依据。同时，基于智能型全站仪高效、精确的放样定位功能，结合施工现场轴线网、控制点及标高控制线，可高效、快速地将设计成果在施工现场进行标定，实现精确的施工放样，并为施工人员提供更加准确、直观的施工指导。

与传统放样方法相比，BIM与智能型全站仪集成放样，精度可控制在3mm以内，而一般建筑施工要求的精度在1～2cm，远超传统施工精度。传统放样最少要两人操作；BIM与智能型全站仪集成放样，一人一天可完成几百个点的精确定位，效率是传统方法的6～7倍。

目前，国外已有很多企业在施工中将BIM与智能型全站仪集成应用进行测量放样，而我国尚处于探索阶段，只有深圳市城市轨道交通9号线、深圳平安金融中心和北京望京SOHO等少数项目应用。

（5）BIM+3S

BIM+3S是指BIM+GIS+GPS+RS，目前主要集中在GIS。地理信息系统是用于管理地理空间分布数据的计算机信息系统，以直观的地理图形方式获取、存储、管理、计算、分析和显示与地球表面位置相关的各种数据，英文缩写为GIS。

BIM与GIS集成应用，是通过数据集成、系统集成或应用集成来实现的，可在BIM应用中集成GIS，也可以在GIS应用中集成BIM，或是BIM与GIS深度集成，以发挥各自优势，拓展应用领域。

BIM与GIS集成应用，可提高长线工程和大规模区域性工程的管理能力。BIM的应用对象往往是单个建筑物，利用GIS宏观尺度上的功能，可将BIM的应用范围扩展到道路、铁路、隧道、水电、港口等工程领域。例如，邢汾高速公路项目开展BIM与GIS集成应用，实现了基于GIS的全线宏观管理、基于BIM的标段管理以及桥隧精细管理相结合的多层次施工管理。

BIM与GIS集成应用，可增强大规模公共设施的管理能力。

BIM与GIS集成应用，还可以拓宽和优化各自的应用功能。导航是GIS应用的一个重要功能，但仅限于室外。二者集成应用，不仅可以将GIS的导航功能拓展到室内，还可以优化GIS已有的功能。如利用BIM模型对室内信息的精细描述，可以保证在发生火灾时室内逃生路径是最合理的，而不再只是路径最短。

随着互联网的高速发展，基于互联网和移动通信技术的BIM与GIS集成应用，将改变二者的应用模式，向着网络服务的方向发展。

当前，BIM和GIS不约而同地开始融合云计算这项新技术，分别出现了“云BIM”和“云GIS”的概念，云计算的引入将使BIM和GIS的数据存储方式发生改变，数据量级也将得到提升，其应用也会得到跨越式发展。

（6）BIM+3D扫描

3D扫描是集光、机、电和计算机技术于一体的高新技术，主要用于对物体空间外形、结构及色彩进行扫描，以获得物体表面的空间坐标，具有测量速度快、精度高、使用方便等优点，且其测量结果可直接与多种软件接口。

3D激光扫描技术又被称为实景复制技术，采用高速激光扫描测量的方法，可大面积高分辨率地快速获取被测量对象表面的3D坐标数据，为快速建立物体的3D影像模型提供了一种全新的技术手段。

同时，针对一些古建类建筑，3D激光扫描技术可快速准确地形成电子化记录，形成数字化存档信息，方便后续的修缮改造等工作。

此外，对于现场难以修改的施工现状，可通过3D激光扫描技术得到现场真实信息，为其量身定做装饰构件等材料。

BIM与3D扫描集成，是将BIM模型与所对应的3D扫描模型进行对比、转化和协调，达到辅助工程质量检查、快速建模、减少返工的目的，可解决很多传统方法无法解决的问题。

例如，将施工现场的3D激光扫描结果与BIM模型进行对比，可检查现场施工情况与模型、图纸的差别，协助发现现场施工中的问题，这在传统方式下需要工作人员拿着图纸、皮尺在现场检查，费时又费力。

再如，针对土方开挖工程中较难统计测算土方工程量的问题，可在开挖完成后对现场基坑进行3D激光扫描，基于点云数据进行3D建模，再利用BIM软件快速测算实际模型体积，并计算现场基坑的实际挖掘土方量。

此外，通过与设计模型进行对比，还可以直观地了解基坑挖掘质量等其他信息。

上海中心大厦项目引入大空间3D激光扫描技术，通过获取复杂的现场环境及空间目标的3D立体信息，快速重构目标的3D模型及线、面、体、空间等各种带有3D坐标的数据，再现客观事物真实的形态特性。同时，将依据点云建立的3D模型与原设计模型进行对比，检查现场施工情况，并通过采集现场真实的管线及龙骨数据建立模型，作为后期装饰等专业深化设计的基础。

BIM与3D扫描技术的集成应用，不仅提高了该项目的施工质量检查效率和准确性，也为装饰等专业深化设计提供了依据。

（7）BIM+3R

BIM+3R是指BIM+VR+AR+MR，分别是虚拟现实、增强现实和混合现实，目前国内以VR应用最广泛。虚拟现实，也称作虚拟环境或虚拟真实环境，是一种三维环境技术，集先进的计算机技术、传感与测量技术、仿真技术、微电子技术等为一体，借此产生逼真的视、听、触、力等三维感觉环境，形成一种虚拟世界。

虚拟现实技术是人们运用计算机对复杂数据进行的可视化操作，与传统的人机界面以及流行的视窗操作相比，虚拟现实在技术思想上有了质的飞跃。

BIM技术的理念是建立涵盖建筑工程全生命周期的模型信息库，并实现各个阶段、不同专业之间基于模型的信息集成和共享。

BIM与虚拟现实技术集成应用，可提高模拟的真实性。传统的二维、三维表达方式，只能传递建筑物单一尺度的部分信息，使用虚拟现实技术可展示一栋活生生的虚拟建筑物，使人产生身临其境之感。并且，可以将任意相关信息整合到已建立的虚拟场景中，进行多维模型信息联合模拟。可以实时、任意视角查看各种信息与模型的关系，指导设计、施工，辅助监理、监测人员开展相关工作。不难推算，在庞大的建筑施工行业中每年约有万亿元的资金流失。BIM与虚拟现实技术集成应用，通过模拟工程项目的建造过程，在实际施工前即可确定施工方案的可行性及合理性，减少或避免设计中存在的大多数错误；可以方便地分析出施工工序的合理性，生成对应的采购计划和财务分析费用列表，高效地优化施工方案；还可以提前发现设计和施工中的问题，对设计、预算、进度等属性及时更新，并保证获得数据信息的一致性和准确性。

BIM与虚拟现实技术集成应用，可有效提升工程质量。在施工之前，将施工过程在计算机上进行三维仿真演示，可以提前发现并避免在实际施工中可能遇到的各种问题，如管线碰撞、构件安装等，以便指导施工和制定最佳施工方案，从整体上提高建筑施工效率，确保工程质量，消除安全隐患，并有助于降低施工成本与时间耗费。

BIM与虚拟现实技术集成应用，可提高模拟工作中的可交互性。在虚拟的三维场景中，可以实时地切换不同的施工方案，在同一个观察点或同一个观察序列中感受不同的施工过程，有助于比较不同施工方案的优势与不足，以确定最佳施工方案。同时，还可以对某个特定的局部进行修改，并实时地与修改前的方案进行分析比较。此外，还可以直接观察整个施工过程的三维虚拟环境，快速查看到不合理或者错误之处，避免施工过程中的返工。

虚拟施工技术在建筑施工领域的应用将是一个必然趋势，在未来的设计、施工中的应用前景广阔，必将推动我国建筑施工行业迈入一个崭新的时代。

（8）BIM+3D打印

3D打印技术是一种快速成型技术，是以三维数字模型文件为基础，通过逐层打印或粉末熔铸的方式来构造物体的技术，综合了数字建模技术、机电控制技术、信息技术、材料科学与化学等方面的前沿技术。

BIM与3D打印的集成应用，主要是在设计阶段利用3D打印机将BIM模型微缩打印出来，供方案展示、审查和进行模拟分析；在建造阶段采用3D打印机直接将BIM模型打印成实体构件和整体建筑，部分替代传统施工工艺来建造建筑。

BIM与3D打印的集成应用，可谓两种革命性技术的结合，为建筑从设计方案到实物的过程开辟了一条“高速公路”，也为复杂构件的加工制作提供了更高效的方案。

目前，BIM与3D打印技术集成应用有三种模式：基于BIM的整体建筑3D打印、基于BIM和3D打印制作复杂构件、基于BIM和3D打印的施工方案实物模型展示。

基于BIM的整体建筑3D打印。应用BIM进行建筑设计，将设计模型交付专用3D打印机，打印出整体建筑物。利用3D打印技术建造房屋，可有效降低人力成本，作业过程基本不产生扬尘和建筑垃圾，是一种绿色环保的工艺，在节能降耗和环境保护方面较传统工艺有非常明显的优势。

基于BIM和3D打印制作复杂构件。传统工艺制作复杂构件，受人为因素影响较大，精度和美观度不可避免地会产生偏差。而3D打印机由计算机操控，只要有数据支撑，便可将任何复杂的异型构件快速、精确地制造出来。

BIM与3D打印技术集成进行复杂构件制作，不再需要复杂的工艺、措施和模具，只需将构件的BIM模型发送到3D打印机，短时间内即可将复杂构件打印出来，缩短了加工周期，降低了成本，且精度非常高，可以保障复杂异型构件几何尺寸的准确性和实体质量。

基于BIM和3D打印的施工方案实物模型展示。用3D打印制作的施工方案微缩模型，可以辅助施工人员更为直观地理解方案内容，携带、展示不需要依赖计算机或其他硬件设备，还可以360°全视角观察，克服了打印3D图片和三维视频角度单一的缺点。

随着各项技术的发展，现阶段BIM与3D打印技术集成存在的许多技术问题将会得到解决，3D打印机和打印材料价格也会趋于合理，应用成本下降也会扩大3D打印技术的应用范围，提高施工行业的自动化水平。

虽然在普通民用建筑大批量生产的效率和经济性方面，3D打印建筑较工业化预制生产没有优势，但在个性化、小数量的建筑上，3D打印的优势非常明显。随着个性化定制建筑市场的兴起，3D打印建筑在这一领域的市场前景非常广阔。

3.2 BIM情境下工程建设各方的管理

3.2.1 工程建设各方管理的侧重点

工程建设是各方共同努力的结果，工程建设涉及的各方包括业主方、设计方、施工方、工程咨询方和政府方。就我国目前的情况而言，工程咨询方一般给业主方提供服务，代表业主方的利益。政府作为工程建设的参与方有两层含义，第一层含义是政府作为工程建设的投资方，即业主方，他和其他业主对工程的管理没有太大的差别，由于政府工程是公共投资，可能受到的社会关注更广，所以管理应该更加严格。第二层含义是政府作为公共利益的代表对工程建设进行监管，由于工程建设涉及社会公共利益和公众安全，全球各国基本上都要对工程建设的质量和安全等进行监管。工程项目各方对建设的管理如图3-2所示。

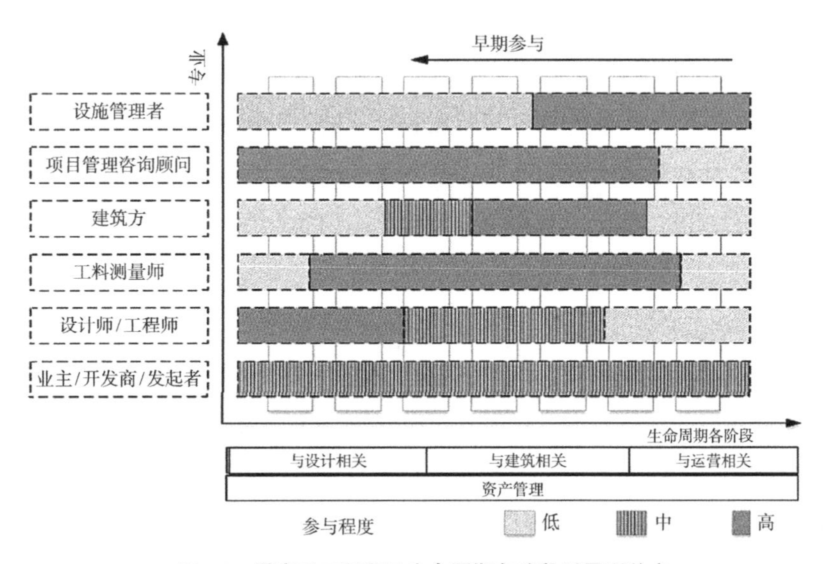

图3-2　贯穿于工程项目生命周期各阶段以及利益方

（1）业主方工程管理的侧重点

业主是建设项目的发起者及项目建设的最终责任者，业主方的项目管理是建设项目管理的核心。从投资者的利益出发，根据建设意图和建设条件，对建设工程项目投资和建设方案做出既要符合自身利益又要服从国家和地方建设法规、政策规定的决策，并在建设工程项目实施过程中，履行业主应尽的责任和义务，为项目的实施创造必要的条件。业主的决策水平、行为的规范性和业主建设工程项目能力等对于一个建设工程项目的建设成败起着重要作用。作为建设项目的总组织者、总集成者，业主方的项目管理任务繁重、涉及面广且责任重大，其管理水平与管理效率直接影响建设项目的价值。

业主方对工程项目进行的综合性管理，以实现投资者的目标，其目的是用建成的工程实体满足各方的需要和要求。

业主方买不到符合特定功能要求的现成建筑物。业主方必须对整个建设生产过程进行有效、有序的策划、计划、组织、管理和协调。建筑生产是一项专业性很强的活动，业主方必须委托各类专业公司（咨询和承包两大类）承担。业主方对工程建设的管理是从项目提出设想到竣工、交付使用的全过程涉及的全部工作，其管理的主要方式是采购，即外购工程咨询、勘察设计、设备材料和工程承包等。工程建设项目中业主一般是指项目最终成果的所有者，也是最终付款的一方，对于为该工程建设项目提供服务的其他方而言，他们的目标应该是为业主提供满意的服务和支持。

除了通过合同管理以上这些外购单位之外，业主方还要办理各种监管和审批手续，通过和市政公用部门等联系提供各种工作条件。

业主的工作重点是前期策划决策阶段和工程的运营维护阶段。业主方关注的焦点不是工程的设计和建造活动，而是工程本身，比如工程本身的功能是否能够满足业主自身的需求、是否符合规划和城市建设法规的需求等。

业主对工程项目管理的特点是由业主在工程项目中的特殊地位决定的，主要有以下几个方面：

1）业主对工程项目的管理代表了投资主体对项目的要求。它集中反映了各投资主体对工程项目的利益要求，代表各所有者协调一切对外关系，包括与政府和社会各有关单位之间的各项关系。因此业主在项目管理中一方面要协调各投资主体之间的关系，另一方面要协调项目与社会各方的关系，保证项目建设的顺利进行。

2）业主是对工程项目进行全面管理的中心。按照“谁投资、谁决策、谁收益、谁承担风险”的原则，业主在国家法规许可的范围内有充分的投资自主权。业主既是工程项目的决策者又是工程项目实施的主持者；既是未来收益的获得者，也是可能风险的承担者。业主与工程项目之间利害关系的紧密程度是其他任何一方参与者所不能比拟的，业主对项目管理和项目成败负有全面责任。工程项目完成得好，最大与最直接的受益者应该是项目业主，反之如果工程项目出现问题，最大与最直接的损失方也是项目业主。

3）从管理方式上看，在项目建设过程中业主对工程项目的管理大都采用间接而非直接方式。工程项目建设涉及各个领域和诸多专业，业主往往由于自身时间、精力和专业等方面的限制，不可能将全部管理工作由自己来完成。业主通过各种委托协议和合同，把工程项目的各项任务、管理职责以及各项风险分解到各参与策划和实施的有关机构，项目业主进行总体协调和控制，保证项目如期、按质建成，并尽可能节省投资。

业主方是BIM技术应用最大的受益方。BIM技术深入普及应用能力可以大幅提升业主方项目管理能力和企业整体竞争力。业主应用BIM可以达到的效果如下：

1）提升建筑质量。在施工前，在电脑中模拟建筑物，提前预知建筑情况，可以有效地发现存在的问题，如通过多专业的集成，及时发现碰撞与冲突，改进设计质量；虚拟建造，模拟施工过程，优化施工方案。在施工过程中，利用BIM技术进行施工质量的监控，及时发现并解决质量相关问题，有效提升最终建筑质量。

2）减少投资风险。利用BIM实现施工进度的可视化、投资成本的可视化，及时快速地获得最新最准确的投资数据，有效管控造价，解决投资分摊等难题；通过减少变更、优化设计等方式有效减少投资，达到节约造价、控制投资风险的效果。

3）保证施工工期。利用BIM可视化远程监控施工进度，利用 BIM 模型中的数据提升项目决策的效率与质量，如加快招投标组织、生产计划编制、变更决策、支付审核等工作。

4）减少变更风险。通过多专业的集成，有效发现碰撞、解决管线优化排布、净空优化等工作，减少施工过程中的相关变更；快速获知不同变更方案对成本的影响，提高变更决策效率，减少变更风险。

5）提升沟通效率。BIM是三维可视化的建筑物所有信息的载体，因此是沟通的最好介质。所有工程参与单位、所有工程涉及专业都可以利用三维可视化的工具来交流，清晰地明确责任，有效地提升沟通的效率和决策的质量。

6）责任可溯性。BIM可以加载丰富的信息，整个建设阶段的资料如变更信息、施工班组信息、构件施工人员信息、设备验收报告、施工过程中的照片等均可以挂接在模型中相应的构件上，并且可以快速查找定位，增强相关单位的责任心，实现信息、责任的可追溯性。

7）方便后期运维。在施工过程中一些重要文档可以直接挂接在BIM模型上，同时在竣工后，一些重要设备文档、信息等资料也可以挂接在BIM模型当中，作为后续业主运维阶段的重要基础资料。利用BIM与物联网技术集成开发新的应用，可以极大地减轻运维的工作量，提升运维的效率与质量。

（2）设计和施工单位工程管理的侧重点

设计单位和施工单位对工程的参与程度取决于业主的工程承发包模式和所签订的合同，最广泛的工作范围是业主采取“设计+施工”都包含在内的工程总承包方式。其工作一般包括投标、签订合同、开展（设计或施工）工作、协调沟通、竣工交付工作等。

设计和施工单位的主要工作焦点是履行合同义务，目的是获取利润。设计和施工单位关注的焦点不是工程本身及其用途，其焦点在于设计和建造活动，所以承包商更关心安全生产、环境保护等问题。

虽然设计单位和施工单位都是按照业主的要求完成相应的设计或承包工作，都要对所承担的工作进行项目管理，但是他们也有区别，设计单位是向业主提供一种技术咨询，获得的是相应的技术咨询费用，而施工单位则不是，他向业主提供的是承建工作，获得的是承包费。设计工作是一种无中生有的创造性工作，属于治理和知识密集型工作，施工工作则属于资金和劳动密集型工作。

BIM在设计阶段的应用包括：

首先，BIM审图。利用BIM三维的特点来进行设计和审图更加直观，降低技术门槛，更容易发现问题和进行决策，各方不会存在争议，提高设计质量。

其次，BIM碰撞检查。使用Navisworks软件工具做碰撞检查，可以很方便地检查模型中的专业碰撞情况，大大提高检查效率和准确度。

再次，BIM管综优化。利用BIM技术进行管综优化，切实保证建成后的成品和设计模型一致，净高、质量和品质可控；切实做到施工方能“按图（模）”施工，工期和成本可控。

最后，设计仿真模拟。利用BIM模型进行室内外仿真漫游模拟，可以感受建成后的效果，及时发现设计问题，进行设计优化。

BIM施工准备阶段的应用包括：①通过BIM实物量和工程量进行对比，为工程过程成本管理提供经验数据支持；②利用BIM模型提取材料用量，制定材料控制量与节点，编制材料采购计划；③提供可视化4D虚拟模型，动态展示项目进度，检验进度计划合理性；④按地下结构施工、主体结构施工、装饰装修施工等不同阶段对施工场地布置进行协调管理，检验施工场地布置的合理性，优化场地布置。

BIM在施工阶段的应用包括：①配合施工深化设计；②配合工程施工需求，进行基于BIM技术工艺/工序的模拟演示；③利用BIM技术进行三维可视化技术交底；④提出预制构件采购计划，对构件进行物流跟踪，进行安装、进度等管理；⑤利用移动终端采集现场质量、安全、文明施工等数据，与模型即时关联；⑥将BIM技术和三维激光扫描技术相结合，实现施工图信息和施工现场实测实量信息的比对和分析；⑦整合各阶段模型，接收、录入与产生相关信息，更新和维护BIM竣工模型；⑧形成竣工交付BIM模型，对模型进行维护更新。

（3）设施管理方对工程的管理侧重点

工程运维阶段的管理的内涵逐渐从物业管理扩展为设施管理（Facility Management，FM）应用。根据国际设施管理协会（IFMA）的定义，设施管理是通过人、空间场所、流程和技术的集成与整合，确保建筑环境各项功能得以有效发挥的，涉及多个专业领域的管理。根据中国台湾学者陈建谋等在2007年的研究，以办公楼经济生命周期40年计算，各个阶段支出的费用百分比如下：规划设计阶段约占0.7%，施工阶段约占16.3%，使用运营阶段约占30.6%，维护费用约占32.1%，修缮费用约占15.6%。依据上述数据，可以认为BIM发挥最大效益的应该在建筑运营维护阶段的设施管理。

以BIM为基础的设施管理应用点在于除了竣工BIM模型的空间资料、相关设备的维护手册等外，还需要整合建设阶段各个单位所定的设施维护管理流程，并另行构建符合运维管理人员使用的系统。设施管理系统的基本应用点包括：操作界面简易化、独立的数据库、可操作化、主动预警、空间管理及后续维护等。设施管理中运用BIM进行管理时面临的挑战有以下几点。

第一，信息过载。BIM软件是工程师及设计师所用的软件，对于设施管理人员而言，界面过于复杂，若软件操作过于复杂则会造成使用人员的抗拒和推却，甚至弃置不用。维护管理功能应以建议操作的概念建构界面，提升使用效率。

第二，不宜阅读和理解。BIM模型本身即是由资料形态所组成，但不是一般软件所能解读的数据库，所以后续添加维护手册及现况照片等可能不容易。此外，管理功能注重数据资料统计以及搜寻速度，且要能与外部系统沟通，故从BIM模型输出独立的数据是必要的，建立类似传统设施管理应用的“设施资料卡”。

第三，主动预警。一切设备均有使用年限，有些设备坏了再换也无妨，但有些设备若未能在使用年限内维护或更换，将造成建筑使用机能的损坏，甚至衍生工程安全问题。所以在重要设备中需注记使用年限资料，设施管理系统就能预警显示，并显示设备在3D空间的位置，提升维护效率及安全性。

第四，空间管理。设施管理另外一块是空间使用的管理，包括空间租借管理、空间设施分布管理、空间使用性质及空间大小等信息。

第五，BIM模型更新与优化。工程运维阶段的空间及设备的更替是一定会发生的，所以BIM模型必须持续维护相关的变动，设施管理系统也必须很简易地与BIM模型同步化，提升管理信息的有效性，使得设施管理可以永续经营。

（4）政府对工程建设项目的管理侧重点

政府对工程建设项目的管理是指政府有关部门对工程建设项目所进行的监督和管理，它与业主对工程建设项目的管理不同。政府对工程建设项目的管理是政府为了履行社会管理的职能，以有关法律为依据，由有关的政府机构来执行强制性监督与管理。

无论是发达国家还是发展中国家的政府，都要对所有的工程建设项目进行监督和管理，无论项目的大小，无论是私人项目还是公共项目。而管理的目的主要在于维护社会公共利益，如工程建设项目是否符合城市总体规划的要求，是否危及公共卫生和人身安全，是否妨碍交通和防火等。政府对工程项目建设管理的意义如下。

首先，保证工程建设项目符合城市规划的要求，维护工程建设项目所在地区的环境。一个工程建设项目，特别是大型生产性工程建设项目，在建设过程中以及建成后的长期使用期内，都将对外部环境产生不同性质和不同程度的影响，有的甚至对工程建设所在地区产生严重的不良后果。通过政府对工程建设项目的监督和管理，例如通过规划、设计等的审批，以及实施中的监督、跟踪检查，就可以防止此类现象的发生。

其次，最合理地利用国土资源及保护其他资源，维护生态平衡。政府对工程建设项目进行监督和管理，既有利于合理利用土地，防止违法占地，又有利于保护国家其他资源，如水资源、重要的风景与历史建筑等不致受到破坏与侵占。

最后，保证工程建设项目遵守有关的工程技术标准与规范。工程建设项目是业主的行为，建成后归业主所有，但它并非一般的产品，它关系到使用者的人身安全与卫生安全，同时也影响邻近地区的安全与卫生，所以，为了维护公共利益，政府还要对所涉及的工程项目在防火、结构安全、人员疏散、卫生条件等方面进行审查和施工的监督检查。

3.2.2 BIM对工程建设的改进

从上述分析可知，业主和设计施工单位参与工程建设的目的不同，关注的焦点也不同，但是工程实体是根据业主的需求并且是为了满足业主的需求进行的，交流沟通非常重要，因为交流沟通是合作的前提和基础。由于业主普遍不懂建筑语言，基于BIM的三维可视化沟通解决了传统手段无法解决的问题。

工程建设传统的交流手段是依靠二维图纸和文字，存在信息传递过程的漏斗效应问题。工程建设项目全寿命周期的多阶段性、建造过程的分离性，且涉及不同专业的参建方，各参建方均以本阶段的管理目标为主，导致设计、施工、运营管理阶段缺乏有效的沟通，在过渡期、衔接处信息大量流失。根据“漏斗原理”，信息传递者传达的信息会呈现出一种由上至下的衰减趋势，造成信息传递过程中的漏斗效应，如图3-3所示。

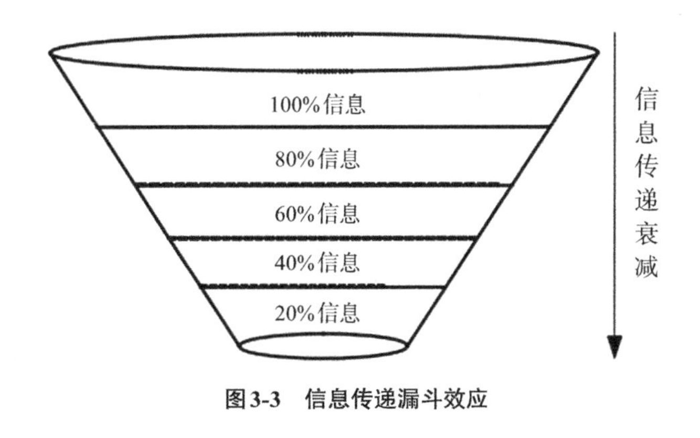

图3-3　信息传递漏斗效应

建设项目信息传递的孤岛漏斗模式，如图3-4所示。

BIM的关键特征将导致工程建设领域可能带来以下的改变。

首先，工作方式改变。工程建设过程中，原先的323的工作方式要改变为333的工作方式了。所谓323方式，就是设计师在创建信息的时候，先是头脑中产生三维的模型，然后通过绘图技巧绘制成为二维的图纸，其他工程人员拿到二维图纸后，通过图纸交底和图纸会审等工作，将二维的图纸转换为自己头脑中的三维模型，然后建造实体的三维建筑物。而333模式，就是设计师头脑创建的信息是三维

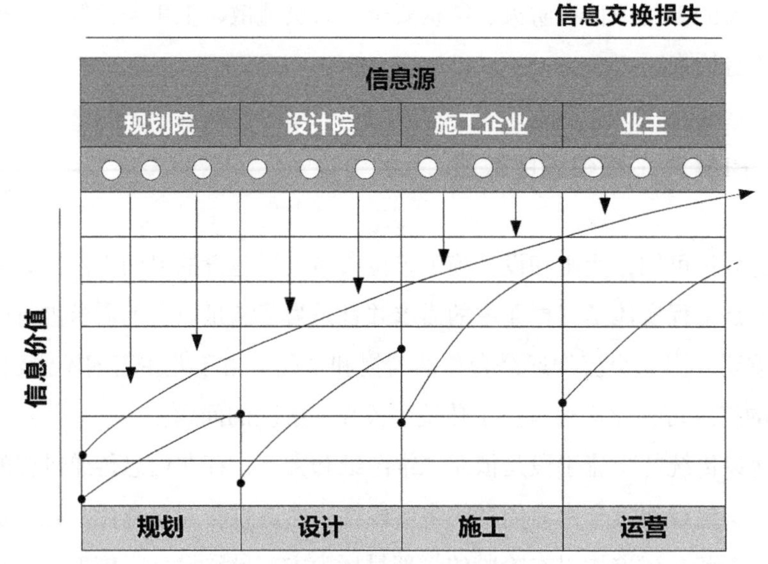

图3-4 建设领域信息传递的损失

的，绘制到电脑里面的也是三维，接受者看到的也是三维，信息没有损失。

其次，工程项目参与各方的关系可能改变。BIM为业主参与项目的设计提供了便利，因为设计过程三维可视。在设计阶段，各个专业设计，比如建筑设计、结构设计、MEP等的实时联动成为可能，只需将各个专业的BIM相互关联，对方即可知道相互之间的变化。在设计阶段完全采用BIM设计后，施工阶段的变更可能大大减少，传统的“揽活靠低价，挣钱靠索赔”的观念可能要改变。在IPD（Intergrated Project Deliver）模式下，业主可以集中设计、施工、造价和法律等方面的专家，先利用BIM在虚拟世界打造完最终需要的建筑物，然后再施工建造，先看到结果然后再具体实施。

最后，为工程建设的智能化或智慧化提供了可能。第一，在项目不同的阶段，不同利益相关方通过在BIM中插入、提取、更新和修改信息，以支持和反映其各自职责的协同作业。第二，由于BIM的参数化，包含了建筑的全部信息，所以可以在设计过程中随时跟踪建筑物的情况，比如造价信息等。在设计的每个阶段都可以通过专业软件对建筑物的各种性能进行各种各样的分析和模拟，在尚未建造之前就能够获知建筑物未来的各种情况。第三，在建造之前也可以进行模拟建造过程，通过各种方案的分析模拟，选择最优的建造方案。第四，在建造完成交付使用后，集成各种信息的竣工的BIM模型，给建筑物的使用阶段提供了管理的信息资料，这有极大的意义和价值，由于建筑物的使用寿命较长，需要在相当长的时间内监测和管理建筑物，定位建筑物各种隐蔽的管线和设备的缺陷，甚至可能对建筑物的疲劳部位进行提前预警。在城市基础设施的运行过程中，城市的道路、桥梁、地铁、隧道、各种管线设备，都需要精确定位其破坏或缺陷部位，以便迅速检修，更需要提前预警设备和设施的疲劳，在未破坏之前提前更换。BIM成为未来智慧城市的大数据基础。

3.2.3 建设领域政府信息化和行业信息化的互补关系

（1）建筑业信息化

建筑业信息化建设包括以下内容：首先是各方主体内部的信息建设，包括政府部门信息化、建设企业信息化（即工程建设各方咨询、设计、施工和监理等单位内部的信息化建设）；其次是工程建设各方和政府部门之间的数字政务的互动，这属于数字政务或者说电子政务建设的范畴；最后是工程建设各方之间的互动，这属于建筑业电子商务活动建设的范畴。

政府部门、工程建设各方主体内部的信息化建设只是为数字化提供了物质基础和先决条件，电子政务和电子商务才是各方信息化建设的应用，只有以应用为导向，从应用中产生效益，才能产生可持续的信息化建设的动力，无法应用的信息化建设，或者信息化建设的效益不好，都不能持续进行信息化建设。

（2）工程建设领域政府信息化和行业信息化的互补关系

工程建设中各个参与建设的主体的信息化建设可以统称为行业信息化，各个政府主管部门的信息化可以统称为政府信息化，两者之间的关系如图3-5所示。

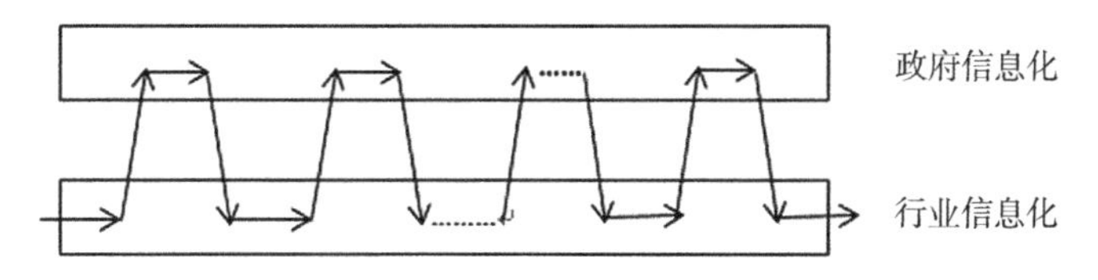

图3-5　政府信息化和行业信息化的互补共生关系

从图3-5中可以看出，工程建设领域行业信息化和政府信息化是互补共生关系。

政府部门无论进行管理还是规制，其本质都是信息处理，都是建立在信息处理的基础之上的，政府部门的信息处理能力直接影响工程建设领域的经济活动。工程建设领域政府部门信息处理的及时性对城市建设项目的进行有直接的影响，关乎项目的工期。工程建设领域政府部门处理信息的质量，直接影响了城市工程建设项目的质量。工程建设领域政府部门的信息处理能力如果落后，必然会直接影响工程建设项目的进行，所以工程建设领域政府部门的信息处理能力必须和城市的发展、经济的需求和社会信息处理的能力相适应。而影响社会经济组织信息处理能力的因素也必然影响政府部门的信息处理能力，而且由于政府部门的自然垄断性，所以政府部门的信息处理能力从总体上来说，是落后于社会的信息处理能力的。

（3）行业的信息需求

数字政府的发展和建设是由需求和供给两个方面决定的。信息通信技术（ICT）的革命性发展为工程建设领域数字政府工程建设提供了技术上的支持，构成了数字政府工程建设发展的供给条件；社会的需要则是数字政府工程发展和建设的必要条件。

数字政府工程的开展同人们对信息的需求密不可分，由于信息技术具有高度渗透性的特点，信息需求覆盖了工程项目建设的各个方面。因此，信息需求不仅与人口多少、人均消费水平有关，还与不断增加的经济和社会的复杂性相联系。

行业对信息需求量的大小与行业经济发展、人均收入有着密切的关系。因此，只有当经济总体发展达到一定水平，经济活动的信息需求才会增加到现代信息技术所要求的经济规模，人均收入水平的提高才能支付得起相应的信息服务费用，有效需求才能上升，数字化才能迅速发展。

（4）建设领域数字经济的发展对数字政府建设提出要求

城市建设以项目为生产方式，项目具有独特性，这和制造业不同，制造业一般以批量生产为主，发挥规模经济效益，所制造的产品一般都具有同质性，制造业一般都在可控的环境下生产，标准和规格都容易统一。城市建设过程中，一般有许多的参与方，这些合作关系不是固定的，各方的目标和利益也不同。建筑业生产显著区别于制造业以产品为中心的生产管理[63]，如图3-6所示。

制造业在生产方式上，各种先进生产管理技术如流水线作业、成组技术、看板作业、准时制生产JIT等得到了普遍应用，大多实现了机械化和自动化，并通过产品定义和相关信息的集成，覆盖整个产品生命周期信息的创建、管理和共享使用，实现了产品的全生命周期信息管理（PLM，Product Lifecycle Management）。由于建筑业固有的生产组织和管理方式等特点，许多制造业成熟适用的信息化技术难以直接引用到建筑业中。

以美国为首的BIM技术发达的国家并没有在工程建设中使用BIM的强制性要求，美国推动BIM发展的力量主要来自于业主和BIM技术自身的效率和效益提升。

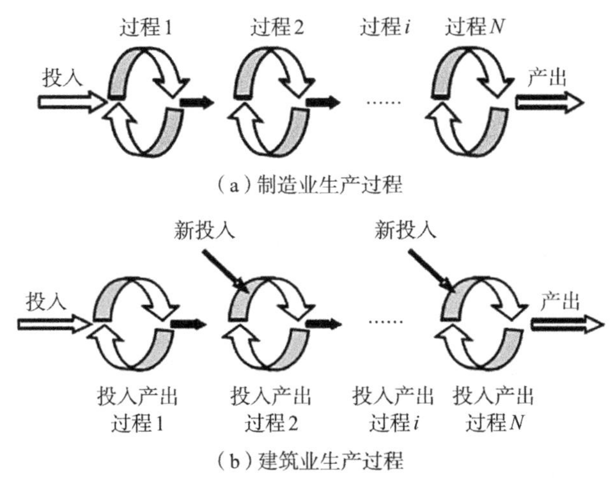

图3-6　制造业与建筑业生产过程比较

在业主方面，美国联邦总务署（General Service Administration，GSA）和美国陆军工程兵团（U.S. Army Corps of Engineers，USACE）作为美国最大的业主代表，制定了信息技术发展的规划以及在工程建设中应用BIM技术的相关要求。由于业主是推动工程建设发展的主要动力，所以业主作用的发挥至关重要。而在效率和效益提升方面的表现就是各种协会和学会为BIM的发展提供各种指导，为企业自由选择BIM技术提供辅助。Building SMART联盟（building SMART alliance，bSa）、美国承包商协会（Associated General Contractors of America，AGC）和美国建筑师协会（American Institute of Architects，AIA）都在各自的领域为各自服务的企业做出了突出贡献。

英国和新加坡两个国家属于政府强制推动BIM利用的国家，政府明确要求在工程建设中强制使用BIM。英国内阁办公室明确要求，到2016年，政府要求全面实施3D·BIM。而且，政府要求强制使用BIM的文件得到了英国建筑业BIM标准委员会（AEC（UK）BIM Standard Committee）的支持。新加坡是政府要求强制使用BIM技术的国家，要求在2015年前实现所有建筑面积大于5000平方米的项目都必须提交BIM模型的目标。

国内方面，上海市是我国BIM发展最快的省份。最早在上海市规划和国土资源管理局发布的《上海市建设工程三维审批规划管理试行意见（2013年8号文）》中提出，上海市自2013年3月1日起启动该管理试点，规定在项目竣工交付验收时提交三维竣工模型。上海市政府在《关于在本市推进BIM技术应用指导意见》中要求到2017年，本市规模以上政府投资工程全部应用BIM技术，规模以上社会投资工程普遍应用BIM技术。

政府政策法规要求强制利用BIM，给行业应用BIM提出了要求，带来了激励和约束，创造了需求，对后发国家和地区利用BIM技术提供了示范。

3.3 数字政府的发展

3.3.1 数字政府的概念及内容

（1）数字政府的概念

数字政府的概念，国内外没有形成统一的表述，叫法也各异，如政府办公自动化、电子政府、电子政务、政府信息化等。虽然，政府办公自动化、电子政府、电子政务、政府信息化与数字政府的内容有许多相似之处，但其侧重点仍有很大不同。比如，政府办公自动化的目标是无纸办公和信息在政府内部的充分共享和流通，是为了最大限度地实现办公人员智力劳动的自动化、电子化、专业化，进而提高政府及其人员的办公效率和办公质量。

电子政府和电子政务的概念最为相近，也极易混淆。电子政府是一种虚拟的政府形态，是面向信息时代的理想的政府管理形态，其内涵是通过有效利用现代通信技术，为政府、企业和居民提供自动化的信息及服务。电子政务则是一种新型的政府管理模式，其重点在政务，其实质是构建一个精简、高效、廉洁、扁平的、实现政府组织结构和工作流程重组优化的政府运作模式。

政府信息化则是从系统工程的角度出发，强调信息化在政府数字化、智能化过程中的基础作用，要求政府遵照信息化的本质属性优化甚至重建政府管理的工作基础，实施政府工作流程再造。政府工作流程与信息化之间呈现的是一种动态的、互动的、协同的关系，要求二者之间能够最大程度地实现互相协调和匹配。

本书认为，数字政府的概念可以从静态和动态两个方面加以理解和研究：①从静态来看，数字政府是一个复杂的信息处理巨系统，通过运用各种信息技术处理城市存续期间所发生的、主要的政务信息。②从动态来看，数字政府是数字化在城市发展中的动态体现，比如，在技术因素是影响数字化发展的主要瓶颈时，数字政府的主要内容就是政府办公自动化；当非技术因素成为影响数字化发展的主要因素时，数字政府的主要内容就是满足相关利益主体的数字化服务需求。

综上所述，数字政府是以提高政府绩效、改善政府形象、帮助政府更好地为居民和企业服务为目标的，以现代高科技数字化技术应用为基础的，通过社会资源优化配置来提高社会生产力发展水平的，由政府主导的新型社会化服务系统。

（2）数字政府工程的内容

数字政府涉及的主要行为主体包括三个，即：政府、企（事）业单位和居民。数字政府的建设主要是为了满足三者的需求，即为三者提供数字化服务，提高与其相关各种业务的效率和效果。三个行为主体的业务活动主要表现为：政府部门与政府部门、政府部门与企（事）业单位以及政府部门与居民之间的互动，如表3-1所示。

政府、企业、居民三者互动形成的五个领域　　表3-1

推方＼应方	政府G	企业B	居民C
政府G	G2G	G2B	G2C
企业B	B2G		
居民C	C2G		

注：2=to。

1）G2G。G2G，其主要目的是使中央政府、地方政府和政府部门的各机构能方便地达到互相沟通的要求，使他们充分参与政府的公民服务，同时完善其绩效测评。政府各机构将大大节省行政管理开支，并能及时获得准确的数据以改善其服务工作。

2）G2B。G2B，就是政府与企业间业务往来，从政府作为消费者而言，通过网络的手段进行政府招标和采购等，节省政府的开支。从政府作为管理者的角度而言，企业可以通过网络报税、通过网络证照办理审批、相关政策发布等，其主要目的是通过削减数据的重复收集，更好地利用电子商务技术，以减轻商界的负担。此外，通过政府的信息发布，为企业提供各种信息服务和咨询服务。

3）G2C。G2C模式的服务范围更为广泛，例如：网上发布政府的方针、政策及重要信息，介绍政府机构的设置、职能、沟通方式，提供交互式咨询服务、教育培训服务、行政事务审批、就业指导等。其主要目的是建立查找快捷、使用方便的一站式服务，使公民能得到高质量的政府服务。政府对居民的服务主要包括：公民信息服务、电子证件服务、就业服务、电子医疗服务、教育培训服务、社会保险网络服务、交通管理服务、公民电子税务等。

4）B2G。企业面向政府的活动主要包括企业应向政府缴纳的各种税款，按政府要求应该填报的各种统计信息和报表，参加政府各项工程的竞标、投标，向政府部门供应各种商品和服务，以及就政府如何创造良好的投资环境和经营环境，如何帮助企业发展等提出企业的意见和期望，反映企业在经营活动中遇到的困难，提出可供政府采纳的建议，向政府申请可能提供的援助等。

5）C2G。居民对政府的活动除了包括个人应向政府缴纳的各种税款和费用，按政府要求应该填报的各种统计信息和报表，以及缴纳各种罚款等，更重要的是开辟居民参政议政的渠道，使政府的各项工作不断得到改进和完善。政府需要利用这个渠道来了解民意，征求群众的意见，以便更好地为人民服务。报警服务（盗窃、医疗、急救、火警等），即在紧急情况下居民需要向政府报告并要求政府提供服务，也属于这个范围。

3.3.2 服务于工程项目监管的概念模型

（1）以工程项目为核心的监管系统

工程项目是建设领域开展业务的基本载体和基本业务方式，工程项目将建设领域中所有参与方连接在一起形成了复杂的系统，所有工程项目也是数字政府监管的基本对象，如图3-7所示。

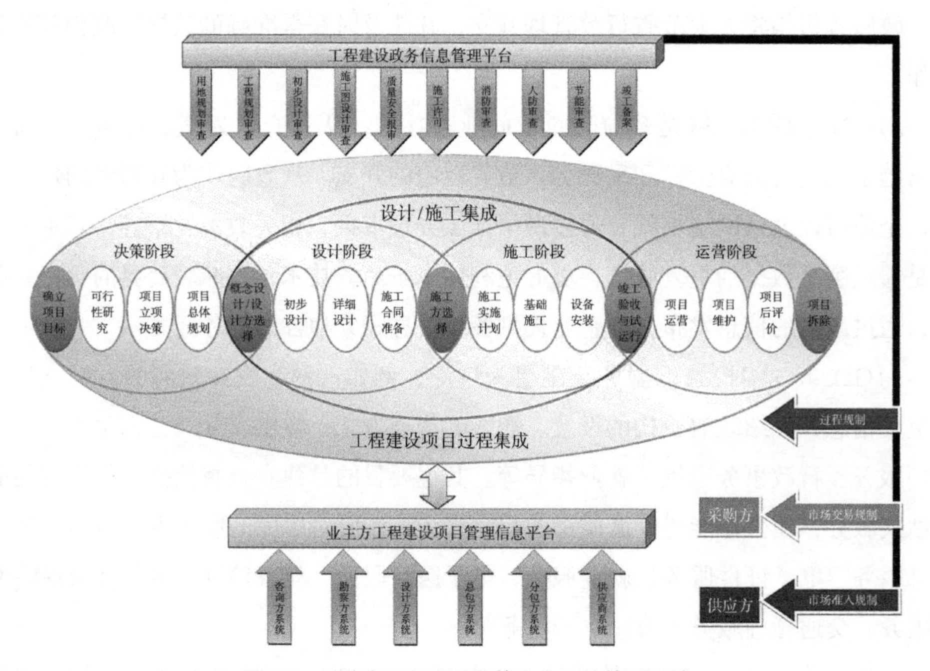

图3-7 以特定工程项目监管为中心的管理系统

（2）政府对工程项目的监管

政府对工程建设的规制主要包括三种。第一种是过程规制，这主要体现在政府对工程建设过程设置了数量比较多的审查，包括规划审查、设计审查、施工许可、安全和质量监控、竣工备案以及各种专项审查，如人防、节能等的审查。第二种规制是准入规制，政府对工程建设的参与单位设定了执业准入，包括企业资质和个人资质的执业准入。第三种规制是市场交易的规制，政府部门规定了工程建设招投标的场所、步骤、标书编制、开标、评标和中标等一系列的规制，也规定了交易价格的形成机制和规制。总体来看，城市建筑业是政府规制比较多的领域。

（3）政府工程项目监管的特征

第一，政府对工程项目的监管具有明显的横向特征。对工程项目的监管跨越多个不同的政府职能部门，不是单一的政府部门能够完成的。

第二，政府对工程项目的监管对项目的进展起重要的作用。2013年广州市“两会”期间政协委员曹志伟向有关部门展示了一幅建设工程从前期调研、报建到验收的有关部门审批的“万里长征图”，总共要799个审批工作日。可见，政府的监管直接影响了工程建设的进展。

第三，政府对工程项目的监管包括经济性监管也包括社会性监管。经济性监管包括投资限制和审查、造价管制等，社会性监管包括环境影响评价、交通影响评价、质量管制、安全管制等。

第四，政府对工程项目的监管既包括事先监管也包括事中监管和事后监管。工程建设不可逆转，一旦不符合政府要求的项目建成，矫正过程损失巨大，社会影响也大。

第五，政府监管的工程项目标的额大。我国工程项目发展有向“高大”发展的趋势，即建筑高度越来越高，投资额越来越大。

第六，政府对工程项目的监管涉及工程建设各方参与的主体。政府监管既涉及法人主体，又涉及个人主体。在准入方面，既要求法人有资质许可，比如安全生产许可、施工许可、资质许可等，又涉及个人资质许可，比如建造师、造价工程师、结构工程师等的个人资质等。

由于以上这些特征，施莱佛[69]等认为法院的判决具有滞后性、被动性和事后性的特点，而政府的行政管制具有时效性、主动性和预防性的特点，所以政府监管比法院诉讼更有效率，也会带来更大的社会合意性。施莱佛[70]等进一步论证，由于诉讼有风险，因此以行政性手段为核心的政府监管对于社会来说是合意的。

3.3.3 服务于工程项目监管的数字政府的特征

服务于工程项目监管的数字政府除了具备通用数字政府的功能和特征之外，还具备以下一些特征。

（1）服务于工程项目监管的数字政府需要多个政府部门协同

20世纪90年代中后期，西方国家继新公共管理改革之后进行了以“整体政府”为内容的第二轮政府改革运动。“整体政府”改革基于结果与目标的组织创新进路，以伙伴关系为创新工具，形成了一种有别于传统官僚制和新公共管理“企业家政府”的新型组织模式，即“整体政府”组织模式。该组织模式在内容上具有以“联合”为特征的两种组织结构形式和以“整合”为内涵的组织目标及机制[71]。整体政府是一个大概念，相关词汇包括“网络化治理（Government by Network）”“协同政府（Joined-up Government）”“水平化管理（Horizontal Management）”“跨部门协作（Cross-agency Collaboration）”等。其共同点是强调制度化、经常化和有效的“跨界”合作以增进公共价值[72]。

传统政府以分工和层级制为主要特征，各管一摊容易导致“行政碎片化”或者“政出多门”，造成政府部门之间的“信息不对称”，进而导致“监管漏洞”。整体政府是一种通过横向和纵向的协调来实现预期行政效果的政府改革模式，着眼于政府部门间、政府间的整体性运作，主张“从分散走向集中，从部分走向整体，从破碎走向整合”[73]。

（2）服务于工程项目监管的数字政府必然是互联政府

“互联网+政务”是指用互联网思维对政府工作重新进行思考，创新政府监管、社会管理和公共服务等工作模式，提高行政效能，增强履职能力。与以前的电子政务相比，“互联网+政务”更强调互联网的“开放、共享、参与、创新”等特性[74]。

由于工程项目信息的特殊性，导致大量BIM软件在IFC模型输入输出的过程中，出现建筑信息错误、缺失等问题；多个工程的项目信息无法集中存储；BIM应用软件的缺失等。基于工程项目监管的数字政府建设必须以构建基于BIM的政府监管平台，实现建筑全生命周期过程中的协同监管为目标。

（3）服务于工程项目监管的数字政府是开放政府

发达国家从2009年开始相继掀起了开放政府运动，通过利用整体、开放的网络平台，公开政府信息、工作程序和决策过程，鼓励公众交流和评估，增进政府信息的可及性，强化政府责任，提高政府效率，增进与企业的合作，推动整个管理向开放和合作迈进。阳光是最好的杀毒剂，公开是最好的防腐剂。

（4）服务于工程项目监管的数字政府是服务政府

如前所述，工程项目的监管是比较多的，我国是一个从计划经济不断过渡到市场经济的国家，我国经济不断发展的过程就是市场逐渐发挥作用的过程。从完全的计划经济，到“计划经济为主，市场经济为辅”，到“建立社会主义市场经济”，到“发挥市场在经济中的基础性作用”，到“发挥市场在经济中的决定性作用”，在这个过程中政府的监管越来越少，如2.3.1节所述，由于形成了可竞争的市场，资源配置的效率越来越高。政府的角色逐渐从监管向提供公共服务发展，在施蒂格勒看来，监管就是一种由政府提供的公共物品，政府的监管可以用供给和需求的分析方法进行分析，为了确保政府监管服务的效率，政府必须有所不为方能有所作为。政府部门要加强服务，转变政府职能，减少政府对市场的干预，将市场的事推向市场来决定，减少对市场主体过多的行政审批等行为，降低市场主体的市场运行行政成本，促进市场主体的活力和创新能力。放弃没有法律依据和法律授权的行政权，理清多个部门重复管理的行政权。政府部门要创新和加强监管职能，利用新技术新体制加强监管体制创新。

（5）服务于工程项目监管的数字政府是便利政府

云计算、遥感技术、人工智能、模型检视软件、基于BIM的建筑性能分析等的应用，为政府部门对工程项目监管的规范检查、质量审查、设计审查、安全监管、消防人防模拟等提供了便利，提高了政府部门监管的效率。如前所述，国外在基于BIM的建设监管方面进行了许多研究，以BIM为代表的新兴信息技术的利用将会提高政府的监管效率，为被监管者带来便利。

3.3.4 服务于工程项目监管的数字政府的功能

数据里面内含的信息是政府监管的基础。政府部门的日常工作就是收集、处理、发布各种各样的信息。各类公文就是典型的行政信息。公务员在履职过程中依赖信息和数据。政府部门对工程项目的投资监管、规划监管、造价监管、市场交易监管等都需要大量地计算，大数据技术的应用可以为公务员监管的决策提供支持，提高监管效率。

目前我国已经建成了投资监管平台、规划管理平台、工程市场监管平台和安全质量监管平台等，发挥了不小的作用。

政府部门目前对工程项目的监管依据主要是纸质的图纸，尚未实现数字图纸的递交和传递工作。只有在BIM环境下，才能实现工程项目全过程信息和知识的积累，才能减少人类的重复劳动。也只有使用BIM技术和其他新兴技术的结合，才能对工程项目进行各种各样的性能分析和模拟，从而实现政府部门智慧监管的目的。发达国家正在利用BIM提供的数据，结合其他信息技术进行工程的监管，进行法规符合性鉴定。新一代的工程项目监管系统如图3-8所示。

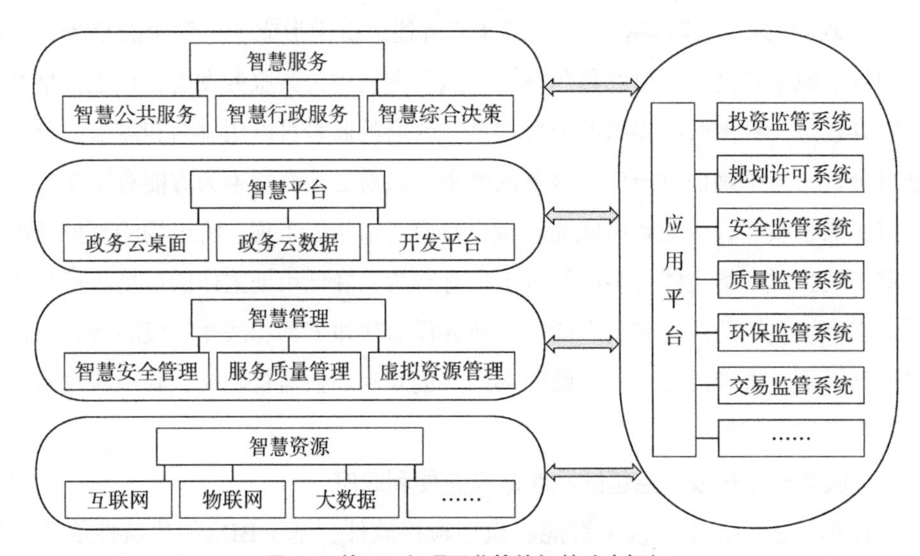

图3-8　基于工程项目监管的智慧政府框架

（1）智慧投资监管方面

对于政府投资项目，通过项目建议书、可行性研究报告审批以及初步设计概算的审核，项目后评价等履行监管的职能。BIM可以在方案比选、初步设计概算方面结合其他信息技术实现智慧测算。

（2）智慧规划许可方面

规划许可需要处理大量的数据信息，通过利用大数据技术对报批单位提供的BIM模型进行数据分析，对建筑物的使用性质、容积率、建筑密度和建筑高度、建筑退让和间距、无障碍设计、建筑空间环境和各类配套设施设计等主要技术指标是否符合规划设计条件作出明确的判断，提高工程规划审批的工作效率。陈真等[75]的研究表明，城市建设用地规划许可数据挖掘工作对于研究城市空间扩张和功能提升的演变规律具有显著优势。城市建设用地规划许可数据挖掘前景广阔。汪大超等[76]利用二维的AutoCAD 实现规划测量建筑面积的自动统计。利用下一代地理信息系统及相关信息技术构建智慧规划监管体系。下一代地理信息系统（Next Generation GIS，NGGIS）将和物联网技术、云计算计算、移动互联网技术以及大数据技术融合，具有网络化、平台化、移动化和智能化等特征[77]。

（3）智慧安全和质量监管

就单个项目而言，丁玎等[78]的研究表明，利用二维码唯一性标识技术、人脸识别技术、检测数据自动采集技术、电子留样技术、试验过程远程视频监控技术、试验报告内容加密二维码技术等信息技术可以实现包括取样与送检环节、试验环节、检测报告原始数据溯源与防伪验证环节等主要环节，可以实现工程质量检测全过程信息化监管，有效解决了工程质量检测过程中取样送检、试验及检测报告原始数据溯源与防伪验证等环节存在的各种问题，并支持监管人员从试验报告到取样送检、从后向前逆向溯源，确保了工程质量检测样品与数据的真实性、客观性及试验操作过程的规范性，促进了建设工程质量检测行业持续健康发展。

政府工程项目安全与质量监管面临的问题是，建设工程与检测机构数量多、分布广、距离远，而政府监督力量相对有限，通常采取日常监督检查与专项检查相结合的方式监管，无法实现实时、全面地监管；监管机构与企业之间信息沟通效率低，监管机构很难把握全局。通过信息化监管手段，监管人员即使不亲赴现场，也可通过监管系统全面掌握现场情况，实时监管，还可提早发现隐患，处理问题，这不仅节约了人力成本，且极大提高了政府监管效率。

曾爱文等[79]的研究表明，为充分利用检测数据达到工程质量监管的效果，北京市住房和城乡建设委员会于2006年开始上线运行“北京市建设工程质量检测监管信息系统”，功能已经达到两个层次：一是具备检测数据上传、检测数据收集、检测数据统计的功能；二是具备数据在企业和监管机构间共享、应用的功能。目前，检测数据主要依托此系统实现对工程质量的信息化监管，并且已取得很大成效。

张巍[80]的研究表明，湖北建立建设工程市场质量安全一体化监管平台，及时采集和分析工程建设项目信息，建筑市场主体（各类建设业主、工程建设企业和执业人员）信用信息，实现对工程建设项目流程、建筑市场责任主体行为、项目质量过程控制和安全生产的动态监管，增强各级建设行政主管部门制定政策、做出重大决策的科学性和针对性，提高监管水平；通过加强建筑市场的监管，进一步健全和规范建筑市场；发布工程信息，增强建设工程交易活动的透明度，提高信息化服务水平；发布建筑市场责任主体信用信息，建立有力的诚实守信激励机制和失信惩戒机制，行政监察和社会监督相结合的信用保障机制，实现了市场行为动态监管、施工许可信息查询、质量动态监管、安全动态监管等功能。

（4）智慧市场交易监管

我国目前工程项目市场交易的模式一般是在项目可行性研究中根据投资审批部门的要求事先确定的，一般要事先确定设计、施工和材料设备等环节交易的标的，在实际监管过程中，规划许可部门监管设计环节的交易、建设主管部门监管施工和材料设备等环节的交易。这样的监管模式是建立在工程项目DBB的模式之上的，DBB模式是一种分离的实践模式。D+B和EPC模式在发达国家已经采用了多年，这两种模式实现了设计与施工的组织集成，克服了由于设计和施工分离致使投资增加，设计与施工不协调而影响建设进度的弊病，为业主建设提供了增值的途径。我国住房和城乡建设部一直在推广工程总承包模式，以提升建筑业的融合和发展，但是收效甚微，就是因为上述部门没有协同监管，致使新兴的交易模式无法落地生根。目前以美国为首的发达国家借鉴工业生产的组织经验，开始兴起项目集成交付（Integrated Project Delivery，IPD）模式，打破了投资、设计、施工、工程咨询等的分业界限，利用BIM技术手段，实现了产业的融合。

（5）通过模拟和分析实现其他领域智慧监管

由于在BIM条件下，可以结合其他信息技术实现工程项目事先的模拟和分析，这样给环境影响评价、绿色建筑评价、交通影响评价、消防和人防、工程项目安全和可靠性等方面带来了极大的便利，通过模拟和性能分析给监管提供了坚实的依据。

3.4 本章小结

本章首先归纳了数字政府的概念和数字政府的内容。随着移动互联网、大数据、云计算和物联网等新兴信息技术的发展，全球数字政府的建设和发展正在向互联政府、透明政府、智慧政府和服务型政府方向发展。工程项目信息化主要以BIM为代表的信息技术应用为主要特征，BIM集成了技术信息化和管理信息化，BIM具有可视化、可模拟和可分析等特点，为智慧建造和智慧监管提供了可能。此外，在工程领域云计算、大数据、物联网等其他信息技术都会和BIM技术相联系。工程项目建设的信息化与政府信息化是互补共生关系，工程项目的监管需要政府职能部门之间协同，属于协同政府的范畴。

第4章 基于工程项目监管的数字政府建设机理研究

4.1 服务于工程项目监管的数字政府建设的内容及其模型

4.1.1 服务于工程项目监管的数字政府工程系统

数字政府工程建设主要围绕六大方面展开，即：信息资源、信息网络、信息技术应用、信息产业化、信息人才培养、信息化政策和标准规范等。其中，信息技术应用和信息网络构成了数字政府工程的技术要素核；信息资源、信息产业化、信息人才培养、信息化政策和标准规范构成了数字政府工程的非技术要素核。如图4-1所示。

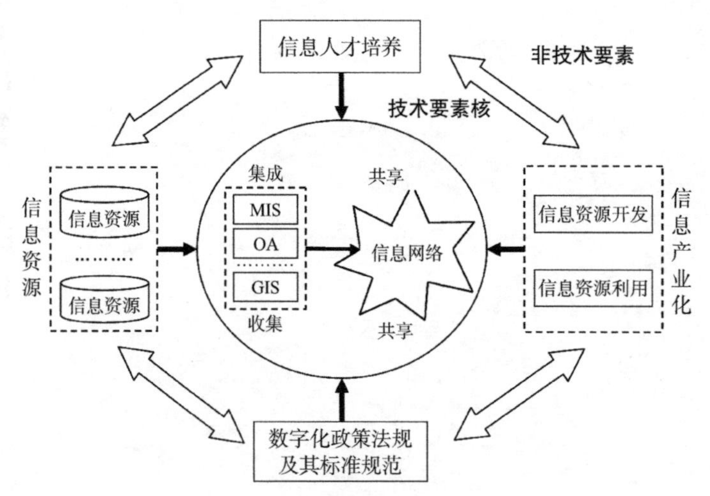

图4-1 数字政府工程系统框架

(1)信息技术应用

信息通信技术主要包括四类，具体为：①感测与识别技术。比如，信息识别、信息提取、信息检测技术等。其中，信息识别包括文字识别、语音识别和图形识别，识别的手段通常为模式识别。②信息传递技术。信息传递技术的主要功能是实现信息快速、可靠、安全地转移。其外延较大，技术实现途径较多，例如广播技术就是一种极为常见的传递信息的技术。③信息处理与再生技术。信息处理与再生技术包括对信息的编码、压缩、加密等技术。信息处理的高层次活动为信息的再生，即在对信息进行处理的基础上，形成一些新的更深层次的决策信息。④信息使用技术。信息使用技术是信息过程的最后环节。它包括控制技术、显示技术等。根据技术重要性判断，四种技术中的传感技术、通信技术、计算机技术和控制技术是信息通信技术的四大基本技术，共同支撑着现代信息通信技术的高速发展。

信息通信技术给人类社会所带来的影响是全方位的，其作用融汇于整个经济和社会领域。从技术应用层级来讲，信息通信技术是一种通用型技术，正因为其应用广泛，某种程度上讲，可能为整个经济的根本性重构提供契机。因为该项技术意味着根本性的变革，所带来的是技术发展里程碑式的跳跃，可相当程度上改变已有技术走势。因此，信息化不仅是一种技术现象，同时还孕育着经济与社会变革的契机。这种影响，其技术路径如下：技术革命→信息通信技术产业化→产业数字化（或信息化）→经济数字化（或信息化）→生活数字化（或信息化）→社会数字化（或信息化）。

（2）信息网络

信息网络由信息通信基础设施平台、信息处理公共平台和信息应用公共平台组成。信息通信基础设施平台是指实现信息存储、传输的硬件系统。信息通信基础设施平台是数字政府建设的基础性工程。信息处理公共平台是指对信息进行收集、分类、加工、整理的软件系统。信息应用公共平台是指向各类组织、公众开放的应用系统。

城市信息通信基础设施一般由智能物理网络层、基本通信业务层、网络平台层和用户接入层四个部分组成。如图4-2所示。

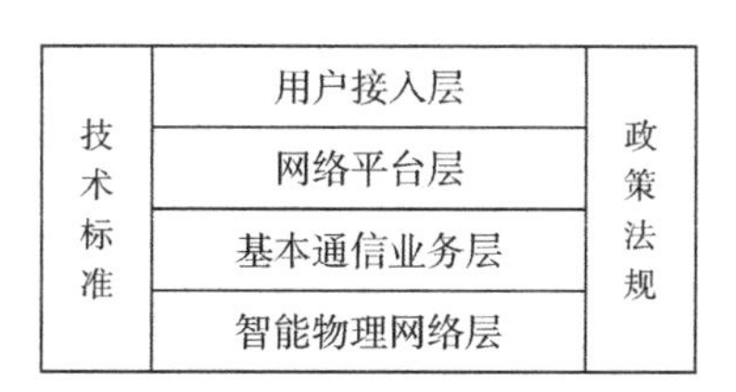

图4-2　城市信息通信基础设施构成

（3）信息资源

信息、能源和原材料并列为自然界的三大资源。人类正在进入信息社会和信息时代，信息叠加在原材料和能源之上成为主导社会生产和生活的主要因素。在信息时代人类对信息的需求迅速增加，信息的生产和利用逐渐成为主导社会发展的主流。信息成为信息社会的主体，信息也改变了人类的生产方式，以创造、革新体力劳动为主的生产方式将向以创造、使用代替人类脑力劳动的工具为主的生产方式过渡。

"信息就是资源"的口号给人一种误导，信息的资源意义主要针对信息的使用者而言。美国国家公共服务署前首席信息官说，信息是一种需要管理的资源。美国著名社会学家约翰·奈斯比特在《大趋势》中说，没有控制和没有组织的信息不再是一种资源，它反而会成为信息工作者的敌人。可见，信息开发的意义在于：变信息资源的可能性为现实性。

（4）信息产业化

信息技术具有增值性和渗透性的特点，随着信息和知识的产生、传播与应用规模的日益扩大，国民经济中信息生产所占的份额和劳动力占比逐年增加，信息产业逐渐崛起。具体表现在三个方面：①信息通信技术产业化。信息通信技术产业是信息通信技术在质和量发展到一定程度出现的行业，主要包括计算机制造业、通信设备制造业、雷达制造业、广播电视设备制造业、电子器件制造业、电子元件制造业、日用电子器具、电子设备及通信设备修理业、其他电子设备制造业、电子仪表及办公设备制造业等。信息产业的存在与运作加快了信息通信技术的形成，促进了信息通信技术的完善，使得信息通信技术在形成速度、质量和功能上更加成熟。②信息服务业的更新换代。传统的信息服务业是基于印刷文本为载体和无线电传输的信息服务，由于信息技术的广泛渗透，传统的信息服务业转变为现代信息服务业。传统信息服务业和现代信息服务业的关系如图4-3所示。③信息内容产业。信息内容产业的内涵为制造、开发、包装和销售信息产品及其服务的产业，它涉及动画、游戏、影视、数字出版、数字创作、数字馆藏、数字广告、互联网、信息服务、咨询、中介、移动内容、数字化教育、内容软件等。比如，网络游戏、手机彩铃、蓝牙等。

（5）信息人才培养

人是生产力中最活跃的因素，在数字政府工程实施过程中也不例外。在数字政府建设过程中，信息人才主要分为三个层次，具体为：①从事信息装备制造和信息系统开发的人员，该层次人员主要在以信息产业中信息装备制造为主的企业、单位中工作。②从事信息系统运用、提供信息技术服务的人员，该层次人员主要在政府机关、企事业单位的信息中心或信息服务咨询企业中工作。③使用信息系统来进行

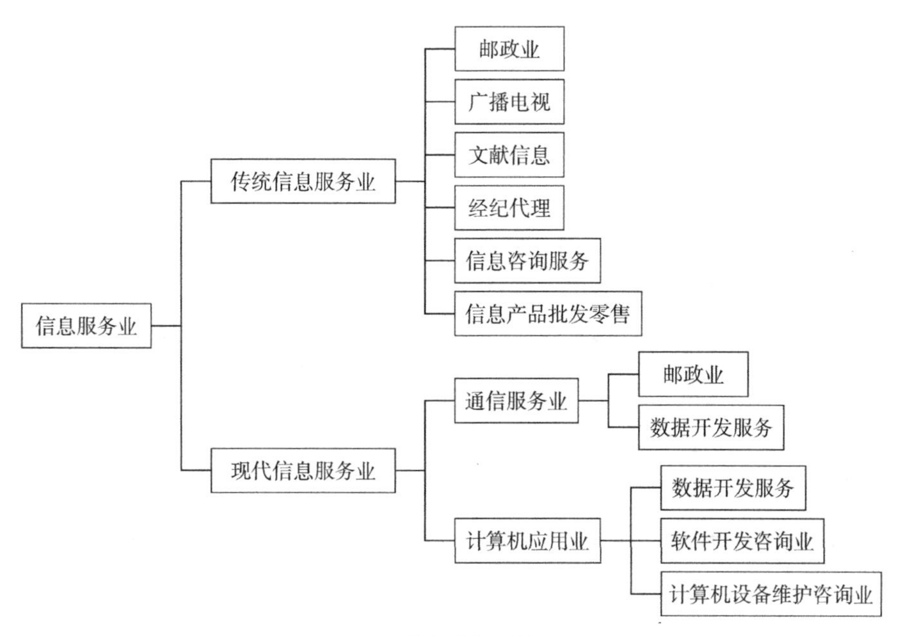

图4-3　信息服务业划分

或协助自己业务活动的广大从业人员。

其中，第一层次人员和第二层次人员是信息专业（包括计算机、通信、信息管理等专业）人员；第三层次大多数是其他专业人员，但他们必须掌握信息技术与工具的使用。而且，以广大用户为主要组成部分的第三层次人员，是信息技术应用需求的主体，确保该部分人员及时准确地反映城市企业和居民的信息需求、积极主动参加数字政府工程工作，是确保数字政府工程顺利开展并取得成功的关键。

（6）数字化政策法规与技术标准

信息政策与信息法规之间既有联系，又有本质区别，主要体现在：①信息法是国家强制力保证实施的行为规范，具有普遍约束力、明确性、稳定性和执行的强制性。信息法是国家权力机关通过立法程序制定的，它具有严肃性和约束力，更能够有效调整信息活动中的权利和义务关系。相比之下，制定程序相对简单，内容原则及解释余地广泛，变异性较大的信息政策，无法提供类似法律的信任度、可靠性和强制力。②信息法是信息政策的规范化、条文化。信息法是比信息政策更成熟的形态，一般信息政策要几经推敲、反复修改、不断实践补充，才可以条文化和规范化。因此，信息法更有权威性和科学准确性，因而也能更好地调节相应的信息活动的权利义务关系。③信息法具体、明确、可操作性强，它调整的客观存在的法律关系比较具体，法律规范能合理正确地规定信息主体的具体权利义务关系，能通过具体法律条款规定经费、结构、人员、设施的比例和条件，使之具有可依据的准则和方法。而信息政策则相对来说较笼统抽象，可操作性较差，不宜掌握和实际运用。④信息政策对信息法具有一定的依赖性，如果不借助于信息法律信息政策就难以真正贯彻和实现。

所以，信息政策与信息法之间具有一种相辅相成、共同促进的关系，既不能把它们对立起来，又不能相互替代。信息政策是信息立法的基础，信息法律是保障信息政策得以贯彻和实施的法律手段。因此，在数字政府工程建设过程中，既要重视信息政策的制定与实施，又要加大信息法制的建设力度，充分发挥各种调节手段的优越性，为信息化建设提供良好的政策法律环境。

4.1.2 数字政府建设的方式及其特点

(1) 数字政府建设项目管理的重要性

数字政府工程建设实施项目管理的主要原因包括两大方面。

一是以项目方式开展数字化建设业务是适应快速发展的技术的需要。信息和信息资源有很强的时效性，信息技术的开发和利用都有变化很快的特点。而项目正是适应变化创造独特产品、服务和成果的有效手段，所以在数字政府领域应该以项目的方式实施项目管理。大卫·L·奥尔森认为，几乎所有的企业或机构都会和很多项目有联系，项目如此重要的原因有两个：①快速的变化；②现代商业更加专业化。所以，为了适应IT领域技术的快速发展变化必须采取项目管理的方式运作。

二是数字政府建设的业务符合项目的特征。政府的日常事务和项目有许多共同之处，比如，都由人来做，都受制于有限的资源，都需要规划、执行和控制。政府日常事务的管理属于行政管理的范畴，数字政府建设业务的管理则属于项目管理的范畴。

(2) 数字政府工程项目涵盖范围

数字政府工程项目是为了以信息技术手段极大地提高特定业务的效率而建设的项目。可以从信息硬件过程和软件过程两个角度识别数字化项目，数字化项目硬件过程包括基础设施的建设、信息系统的物理安装等。通过连接过程中的组织间、功能间和人员间使用信息系统，以及从数据库中存取信息，为系统的集成提供了无数的机会促进交流协调组织活动。软件过程是编程人员协调或改善已有软件的使用的过程。数字政府工程项目可以划分为五种不同的类型，具体包括：

数字化基础设施建设类项目。比如网络构建、数据存储设备的购置、网络中心的搭建等都属于这一类型。

数据资源类建设项目。数据是信息的基础。数字化规划实施过程中，最终会分解出有关数据资源建设的项目来，它包括数据库管理、应急备份中心、数据挖掘等。

应用项目类建设项目。数字化规划最终要落实到应用上来，这是数字化规划的最终目的，这一般都属于软件开发类项目，可以用软件工程或其他一些方法来实施对它的控制。

信息化治理类项目。数字化组织机构的搭建、基本数据的规范化工作、业务流程的再造与改进、系统接口、界面标准化工作等，这类偏于管理类的项目在数字化规划实施过程中也是不可忽视的。

培训类项目。数字化规划实施的过程也是一个数字化培训的过程，数字化项目建设过程中必然包括对员工和相关者的培训。做好培训工作是确保系统高效运转的保障。

(3)数字政府工程项目的特点

数字政府工程项目与传统的建设项目相比，主要存在三大方面的差异：

首先，数字政府项目的成果可预览性差，但是质量要求严格。数字政府工程项目的建设往往不能在实施前给出明确的信息系统的描述，而是在项目实施的进程中不断地明确和定型的，这使得它的预览性差，并且由于数字政府工程项目与业务运作的关系密切，有可能导致业务运作混乱或停顿，所以它的质量要求又很严格。数字政府工程项目要求硬件可靠性高，机器设备无故障或遇到故障能够自动切换到备用机，确保信道安全可靠，信息畅通无阻。软件更不允许有任何错误，任何一个语法错误或语义错误都可能导致整个系统运行中断或出现错误的处理结果。

其次，数字政府工程项目投资具有长期性的特点。数字政府工程项目建设与普通的工程建设不同，投资不可能一次完成，并且投资不仅包含看得见摸得着的硬件投资(计算机和网络设备)，在建设和运行中必然伴随着大量不明显的费用，如开发费、软件费、维护费、运行费等。而且这些费用数额上占全部投资的比重越来越大。

最后，数字政府工程项目的效益有着较强的滞后性和隐蔽性。一般数字政府工程项目的效益要在项目建成使用相当长一段时间之后才能体现出来，而且数字政府工程项目的作用与管理基础、管理体制，用户的积极性及使用积极性等都有直接的相关性。

4.1.3 数字政府工程系统模型构建

（1）基本假设

数字政府工程系统能否有效地利用信息技术，提高政府业务的有效性、效率和劳动生产率，首先取决于信息的获取，其次取决于信息的传输，最后取决于信息的加工和处理。因此，数字政府工程系统可以视为由信息、制度、处理和传递等构成的流程，分别用S、I、R、T、G表示数字政府工程系统流程、信息集、规则集、处理集和处理节点集，则：

$$S=\{S_1, S_2, \cdots, S_i, \cdots, S_n\} \tag{4-1}$$

$$S_i=\{I_i, R_i, G_i, T_i\} \tag{4-2}$$

其中：S_i表示第i个阶段的处理过程，n为所需经过的处理结点数（一般为所需经手的政府部门的总数），表示在信息处理流程中共有n个阶段的处理过程。

$$I=\{I_1, I_2, \cdots, I_i, \cdots, I_n\} \tag{4-3}$$

$$R=\{R_1, R_2, \cdots, R_i, \cdots, R_n\} \tag{4-4}$$

$$G=\{G_1, G_2, \cdots, G_i, \cdots, G_n\} \tag{4-5}$$

$$T=\{T_1, T_2, \cdots, T_i, \cdots, T_n\} \tag{4-6}$$

其中，I_i表示第i个处理阶段所需的信息，R_i表示第i个处理阶段的规则，G_i表示第i个处理阶段所要经历的政府部门，T_i表示第i个处理阶段的传递，包括用户向政府的申请及政府对用户的反馈。

（2）孤岛型数字政府工程系统

由各个政府部门独自展开的，政府与社会、部门与部门之间没有形成信息共享的数字政府工程系统，称为孤岛型数字政府工程系统（以下简称孤岛型系统），其对信息的处理如图4-4所示。

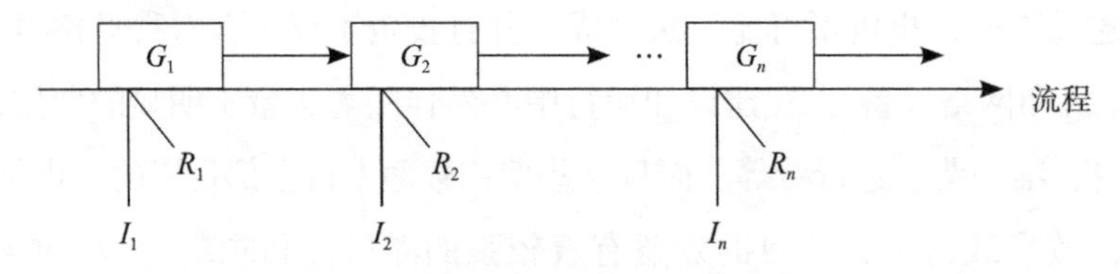

图4-4 孤岛型数字政府工程系统

孤岛型系统模型显示的是典型的传统办公的电子化，即：虽然一些政府部门推行了数字化工程，但政府各层次机构和部门还处于相对独立状态，政府与社会、部门与部门之间的网站彼此隔离，没有形成互联互通、信息共享，实际上是一个一个的信息孤岛。每一次处理都需要用户输入一次信息，并要求对该次处理的规则完全了解，并且在每次输入的信息中，有不少是重复的（尤其是用户的基本信息），这会导致用户在信息输入上的重复劳动。用户在每一阶段只有等到成功批复后，才能开展下一阶段的工作，这会使周期延长。

（3）数据库数字政府工程系统

信息经过一次采集形成数据库，处理只需从数据库调用信息，处理之间实现网络互联的数字政府工程系统，称为数据库数字政府工程系统（以下简称数据库系统），其对信息的处理如图4-5所示。

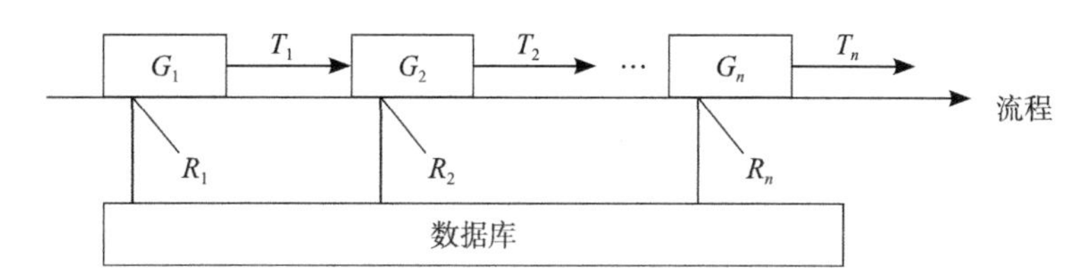

图4-5 数据库数字政府工程系统

（4）一站式数字政府工程系统

实现了信息和业务集成的数字政府工程系统，称为一站式数字政府工程系统（以下简称一站式系统），其对信息的处理如图4-6所示。

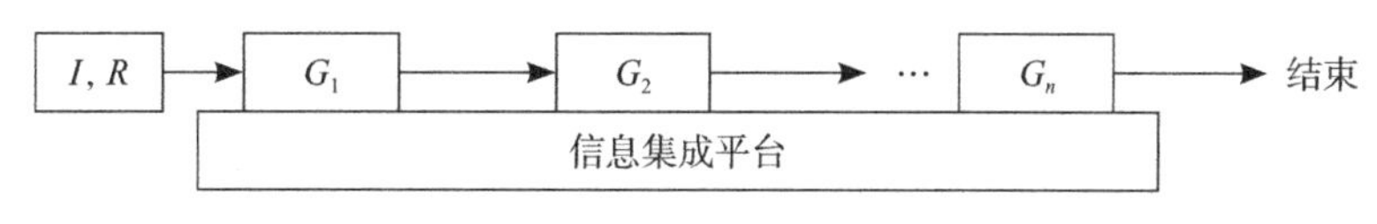

图4-6 一站式数字政府工程系统

4.2 数字政府建设成本效益分析

成本效益分析的方法主要有三种，即最小成本法、最大效益法与增量分析法。最小成本法，是指在效益相同的条件下，选择能够达到效益的各种可能方案中成本最小的方案。最大效益法，是指在成本固定时，追求效益最大。增值分析法，是指当备选方案效益和成本均不固定且分别具有较大幅度的差异时，应该逐个对备选方案进行增量效益与增量成本的价值比较，不可盲目选择效益成本比大的方案或者成本效益比小的方案。如果增量效益超过增量成本，则选择成本高的方案，否则选择成本低的方案。如果项目有两个以上的备选方案进行增量分析，需先将方案成本排队，再从成本最少的量方案中进行比较，将优胜方案与紧邻下一方案进行增量分析，选出新的优胜方案。反复选优直到最后一个方案，最终选定为最优方案。

4.2.1 基本假设

1）工程建设领域数字政府工程系统建设的社会成本由用户成本和政府成本组成，分别用C、C_u、C_g表示工程建设领域数字政府工程系统建设的社会总成本、单个用户成本、政府成本。C、C_u、C_g的关系如（4-7）式所示。

$$C=AC_u+AC_g \tag{4-7}$$

其中，A表示用户总数。

2）单个用户成本、政府成本由信息处理成本、规则理解成本、传递成本三个方面构成。C_u、C_g分别如（4-8）式、（4-9）式所示。

$$C_u=n\alpha_u+n\beta_u+2n\gamma_u \tag{4-8}$$

$$C_g=n\alpha_g+n\beta_g+2n\gamma_g \tag{4-9}$$

其中α_u、β_u、γ_u、α_g、β_g、γ_g分别表示用户单位信息处理成本、用户单位规则理解成本、用户单位传递成本、政府单位信息处理成本、政府单位规则理解成本、政府单位传递成本。

3）孤岛型系统、数据库系统和一站式系统的产出相等。

4）政府和用户都为经济人。

4.2.2 模型求解

（1）工程建设领域数字政府工程系统社会成本

根据4.2.1基本假设可知，孤岛型系统的社会成本C_1、数据库系统的社会成本C_2、一站式系统的社会成本C_3分别如（4-10）式、（4-11）式、（4-12）式所示。

$$C_1=An(\alpha_u+\beta_u+2\gamma_u)+An(\alpha_g+\beta_g+2\gamma_g) \tag{4-10}$$

$$C_2=A(\alpha_u+n\beta_u+2n\gamma_u)+An(\alpha_g+\beta_g+2\gamma_g) \tag{4-11}$$

$$C_3=A(\alpha_u+\beta_u+2\gamma_u)+An(\alpha_g+\beta_g+2\gamma_g) \tag{4-12}$$

通过对比可以得出：

第一，一站式系统比孤岛型系统节约的社会成本为（C_1-C_3）、一站式系统比数据库系统节约的社会成本为（C_2-C_3）、数据库系统比孤岛型系统节约的社会成本为（C_1-C_2），分别如（4-13）式、（4-14）式、（4-15）式所示。

$$C_1-C_3=A(n-1)\quad(\alpha_u+\beta_u+2\gamma_u) \tag{4-13}$$

$$C_2-C_3=A(n-1)\quad(\beta_u+2\gamma_u) \tag{4-14}$$

$$C_1-C_2=A(n-1)\quad\alpha_u \tag{4-15}$$

第二，孤岛型系统的用户成本、数据库系统的用户成本、一站式系统的用户成本分别等于$An(\alpha_u+\beta_u+2\gamma_u)$、$A(\alpha_u+n\beta_u+2n\gamma_u)$、$A(\alpha_u+\beta_u+2\gamma_u)$。

第三，孤岛型系统的政府成本、数据库系统的政府成本、一站式系统的政府成本都等于$An(\alpha_g+\beta_g+2\gamma_g)$。

（2）政府职能部门的数字化学习效应

根据工程建设领域数字政府工程系统社会成本中内容可知，工程建设领域数字政府工程系统的政府成本都等于$An(\alpha_g+\beta_g+2\gamma_g)$，其中：$\alpha_g$、$\beta_g$分别表示政府单位信息处理成本、政府单位规则理解成本，那么，政府信息处理成本和政府信息理解成本$An(\alpha_g+\beta_g)$则表示政府部门或者公务员在数字化条件下对信息处理和规则等的学习过程。根据Wright学习曲线，政府部门或者公务员的学习成本可以用（$\alpha_g+\beta_g$）i^{-b}表示，那么，工程建设领域数字政府工程系统的政府成本可以用（4-16）式表示。

$$C_g'=A(\alpha_g+\beta_g)\sum_{i=1}^{n}i^{-b}+2nA\gamma_g \tag{4-16}$$

其中：（$\alpha_g+\beta_g$）i^{-b}表示第i个处理阶段政府部门或者公务员的学习成本；b为常数，与政府部门或者公务员通过学习取得的进步率有关；γ_g为政府部门单位传递成本。

（3）政府职能部门单位传递成本的影响因素

γ_g为政府部门单位传递成本，即接收和反馈的成本。如果政府部门间传递的信息格式和数据交换的标准不同，则必须在信息的处理之前将信息的格式进行转换，这必然会增加时间和成本。

根据杨格理论，分工与交易效率成正比，与交易费用成反比。因为政府部门内部之间的交易行为对政府部门的交易效率与信息的传递和交换影响较大，所以此处仅讨论政府部门内部的交易行为。根据杨格理论，（4-17）式成立。

$$\gamma_g=D_t\ln\frac{efT}{1-T} \tag{4-17}$$

其中，e是分工系数；f是专业化系数；D_t是数字化系数，也表示数字政府成熟度；e，f，$D_t>0$。T是信息传递和交换的效率，$T\in(0,1)$，$1-T$是单位交易费用。

4.2.3 结果分析

（1）不同类型的工程建设领域数字政府工程系统存在帕累托改进

由（4-13）式、（4-14）式、（4-15）式可知，一站式系统比孤岛型系统节约的社会成本、一站式系统比数据库系统节约的社会成本、数据库系统比孤岛型系统节约的社会成本分别为$A(n-1)(\alpha_u+\beta_u+2\gamma_u)$、$A(n-1)(\beta_u+2\gamma_u)$、$A(n-1)\alpha_u$；孤岛型系统的政府成本、数据库系统的政府成本、一站式系统的政府成本都等于$An(\alpha_g+\beta_g+2\gamma_g)$。说明：第一,一站式系统对孤岛型系统、数据库系统存在帕累托改进。第二，数据库系统对孤岛型系统存在帕累托改进。第三，工程建设领域数字政府工程实施流程再造，减少信息处理所需经过的处理节点数，能够极大降低工程建设领域数字政府工程建设的社会成本、政府成本及用户成本。根据4.1.3中基本假设可知，n为信息所需经过的处理节点数，其大小等于所需经手的政府部门的总数。通过比较工程建设领域数字政府工程系统的社会成本函数、政府成本函数、用户成本函数，可知：n越大，一站式系统的社会成本、数据库系统的社会成本、孤岛型系统的社会成本等的数值也越大。因此，无论工程建设领域数字政府工程系统建设处于哪个阶段，通过缩减信息处理经过的政府部门的总数，都可以降低工程建设领域数字政府工程建设的社会成本、政府成本及用户成本。第四，孤岛型系统的政府成本、数据库系统的政府成本、一站式系统的政府成本相等，政府建设工程建设领域数字政府工程系统的意愿不高。

（2）提升政府职能部门或者公务员的数字政府业务水平至关重要

根据Wright学习曲线，政府部门或者公务员的学习成本可以用$(\alpha_g+\beta_g)i^{-b}$表示，而工程建设领域数字政府工程系统的政府成本可以用$A(\alpha_g+\beta_g)\sum_{i=1}^{n}i^{-b}+2nA\gamma_g$表示，通过分析可知：第一，如果b=0，那么$C'_g=A(\alpha_g+\beta_g)\sum_{i=1}^{n}i^{-b}+2nA\gamma_g=An(\alpha_g+\beta_g)+2nA\gamma_g$，即：$C'_g=C_g$，城市数字政府工程系统政府成本并未发生变化；第二，如果b＜0，那么$A(\alpha_g+\beta_g)\sum_{i=1}^{n}i^{-b}+2nA\gamma_g>An(\alpha_g+\beta_g)+2nA\gamma_g$，即：$C'_g>C_g$，城市数字政府工程系统政府成本增加了；第三，如果b＞0，那么$A(\alpha_g+\beta_g)\sum_{i=1}^{n}i^{-b}+2nA\gamma_g<An(\alpha_g+\beta_g)+2nA\gamma_g$，即：$C'_g<C_g$，城市数字政府工程系统政府成本降低了。这说明，当其他影响因素不变时，与政府部门或者公务员通过学习取得的进步率有关的常数b数值的大小，对工程建设领域数字政府工程系统的政府成本影响巨大，当b＞0时，

b值越大，$(\alpha_g+\beta_g)i^{-b}$值越小，则政府部门或者公务员的学习成本越小，相应的，C_g'值越小，工程建设领域数字政府工程系统的政府成本越低。因此，如何通过激励措施提高政府部门或者公务员的学习进步率，是事关工程建设领域数字政府工程系统运行成功与否的重要保障。

（3）数字政府水平随信息传递和交换的效率提高而提高

根据（4-17）式，在信息传递和交换的低水平阶段$\left[T\in\left(\frac{1}{1+ef},\frac{1}{2}\right)\right]$，工程建设领域数字政府水平减速提高，在信息传递和交换的高水平阶段$\left[T\in\left(\frac{1}{2},1\right)\right]$，工程建设领域数字政府水平加速提高。工程建设领域数字政府水平发展的趋势如图4-7所示。

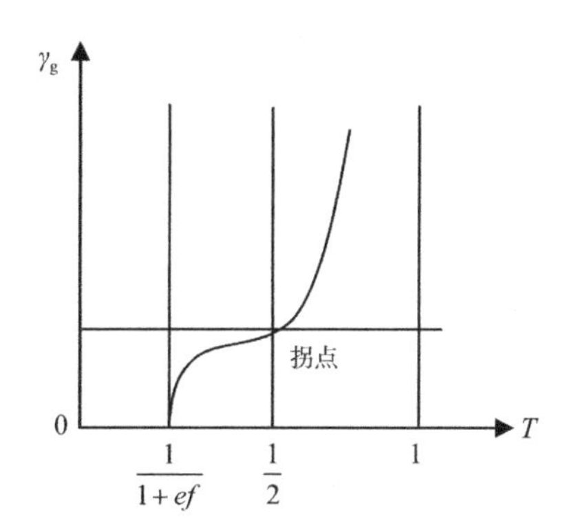

图4-7　工程建设领域数字政府水平发展趋势图

将（4-17）式代入（4-16）式，工程建设领域数字政府工程系统的政府成本如（4-18）式所示。

$$C_g''=A(\alpha_g+\beta_g)\sum_{i=1}^{n}i^{-b}+2nA\gamma_g=A(\alpha_g+\beta_g)\sum_{i=1}^{n}i^{-b}+2nAD_t\ln\frac{efT}{1-T} \tag{4-18}$$

由于e和f分别代表工程建设领域数字政府工程系统的分工系数和专业化系数，而工程建设领域数字政府的分工和专业化最终将表现为信息处理所需经手的政府部门数，所以ef可以用n来表示，那么，（4-18）式可简化为（4-19）式。

$$C_g''=A(\alpha_g+\beta_g)\sum_{i=1}^{n}i^{-b}+2nAD_t\ln\frac{nT}{1-T} \tag{4-19}$$

通过对（4-19）式的分析，可以得出结论：工程建设领域数字政府工程系统的政府成本受数字政府成熟度D_t的影响，信息传递和交换的成本是数字政府成熟度的递减函数，即：数字政府水平随信息传递和交换的效率提高而提高。

在对孤岛型系统、数据库系统、一站式系统等三种工程建设领域数字政府工程系统进行成本分析的基础上，得出了不同类型的工程建设领域数字政府工程系统存在帕累托改进、缩减信息处理经过的政府部门数可以降低工程建设领域数字政府工程建设的成本、政府部门建设工程建设领域数字政府工程系统意愿不高、提高政府部门或公务员的数字政府业务水平至关重要等结论。因此，在工程建设领域数字政府工程建设开展过程中，中央政府必须发挥好导向作用，合理选取试点城市、指导其选取与之相适应的数字政府工程建设系统并提供相应的经济资助，把握好工程建设领域数字政府工程系统的建设时机。

4.3 数字政府建设时机选择分析

4.3.1 基本假设

1）考虑由m个城市政府职能部门和1个上级政府组成的系统，上级政府采取适当的管理策略和激励机制，激励城市政府部门参与工程建设领域数字政府工程的规划建设。理性的城市政府以自己的投资收益最大化为决策目标。而上级政府则在给定工程建设领域数字政府工程平台发展目标下，追求提供最小的财政补贴。

2）上级政府可采取的管理手段主要有行政手段、法律手段以及财政手段三种。在本研究中假设上级政府只采取财政手段，其主要形式是向地方政府提供财政补贴。θ_i表示上级政府对第i个城市提供的财政补贴占第i个工程建设领域数字政府工程投资总额C_i的比例，显然$0 \leqslant \theta_i \leqslant 1$成立。

3）λ表示技术进步率，λ_0表示利率。λ与λ_0两者的大小关系，能够反映技术进步的快慢、工程建设领域数字政府工程建设费用随时间变化的趋势。为方便研究，假设$1+\lambda > (1+\lambda_0)^2$。

4）σ_i表示城市政府经济发展水平，短期内不发生大的波动，未实施工程建设领域数字政府工程系统建设时，其对应的收益流速为$V(\sigma_i)$。当城市政府采用工程建设领域数字政府工程系统时，城市将获得一定的额外收益，增加的收益量与经济发展水平有关，称为数字政府收益，用$\eta(\sigma_i)$表示，并且我们假设$\frac{\mathrm{d}V(\sigma_i)}{\mathrm{d}\sigma_i} \geqslant 0$，$\frac{\mathrm{d}\eta(\sigma_i)}{\mathrm{d}\sigma_i} \geqslant 0$，这意味着$V(\sigma_i)$和$\eta(\sigma_i)$是$\sigma_i$的增函数。

5）第i个加入工程建设领域数字政府工程系统平台建设的政府收益函数π_i，如（4-20）式所示，其中π_i^j表示其在第j阶段的收益。

$$\pi_i^1=\int_0^{t_1}V(\sigma_i)\left(\frac{1}{1+\lambda_0}\right)^t d_t=V(\sigma_i)\frac{1-(1+\lambda_0)^{-t_1}}{\ln(1+\lambda_0)}$$

……

$$\pi_i^j=\int_{t_{j-1}}^{t_j}V(\sigma_i)\left(\frac{1}{1+\lambda_0}\right)^t d_t=V(\sigma_i)\frac{(1+\lambda_0)^{-t_{j-1}}-(1+\lambda_0)^{-t_j}}{\ln(1+\lambda_0)}$$

$$=V(\sigma_i)\eta(\sigma_i)\frac{(1+\lambda_0)^{-t_j}-(1+\lambda_0)^{-t_{j+1}}}{\ln(1+\lambda_0)}-C_i(1-\theta_i)\left(\frac{1+\lambda_0}{1+\lambda}\right)^{t_j}$$

……

$$\pi_i^m=\int_{t_{m-1}}^{t_m}(m-1)V(\sigma_i)\eta(\sigma_i)\left(\frac{1}{1+\lambda_0}\right)^t d_t=(m-1)V(\sigma_i)\eta(\sigma_i)\frac{(1+\lambda_0)^{-t_{m-1}}-(1+\lambda_0)^{-t_m}}{\ln(1+\lambda_0)}$$

$$\pi_i^{m+1}=\int_{t_m}^{\infty}mV(\sigma_i)\eta(\sigma_i)\left(\frac{1}{1+\lambda_0}\right)^t d_t=mV(\sigma_i)\eta(\sigma_i)\frac{(1+\lambda_0)^{-t_m}}{\ln(1+\lambda_0)}$$

$$\pi_i=\pi_i^1+\pi_i^2+\cdots+\pi_i^{m+1}$$

$$\pi_i=\frac{V(\sigma_i)}{\ln(1+\lambda_0)}\left[1+(i\eta(\sigma_i)-1)(1+\lambda_0)^{-t_i}+\eta(\sigma_i)\sum_{j=t_{i+1}}^{t_m}(1+\lambda_0)^{-j}\right]-C_i(1-\theta_i)\left(\frac{1+\lambda_0}{1+\lambda}\right)^{t_i}\tag{4-20}$$

由π_i的计算式可以看出，工程建设领域数字政府工程系统的政府收益等于三部分收益减去支付的费用，其中三部分收益包括：①不参加工程建设领域数字政府工程系统建设时的收入$\frac{V(\sigma_i)}{\ln(1+\lambda_0)}$；②加入工程建设领域数字政府工程系统平台建设后产生的倍增收益$\frac{V(\sigma_i)}{\ln(1+\lambda_0)}(i\eta(\sigma_i)-1)(1+\lambda_0)^{-t_i}$；③在其之后加入工程建设领域数字政府工程系统平台建设的城市政府所带来的正收益$\frac{V(\sigma_i)}{\ln(1+\lambda_0)}\eta(\sigma_i)\sum_{j=t_{i+1}}^{t_m}(1+\lambda_0)^{-j}$，此式表明工程建设领域数字政府工程系统平台建设具有网络外部性。城市政府加入工程建设领域数字政府工程系统平台建设必须支付的费用等于$C_i(1-\theta_i)\left(\frac{1+\lambda_0}{1+\lambda}\right)^{t_i}$。

6）某个城市政府第i个实施工程建设领域数字政府工程系统平台建设，则其加入的时间称为使用时间，用t_i表示。

7）某个城市政府第q个使用工程建设领域数字政府工程系统，则称上级政府对该城市政府是第q个使用激励。

4.3.2 模型求解

1）城市政府使用时间满足$t_i < t_{i+1}$。根据4.3.1中基本假设（6）可知，时间t_i表示城市政府第i个使用数字政府系统的时间，而t_{i+1}是城市政府第i+1个使用数字政务系统的时间，所以必有$t_i < t_{i+1}$，即：$t_1 < t_2 < \cdots < t_i < t_{i+1} \cdots < t_n$。

由（4-20）式可得第i个加入工程建设领域数字政府工程系统平台建设的政府收益函数π_i的一阶最优条件可用（4-21）式表示。

$$\frac{\partial \pi_i}{\partial t_j} = -V(\sigma_i)(j\eta(\sigma_i)-1)(1+\lambda_0)^{-t_j} + C_i(1-\theta_i)\left(\frac{1+\lambda_0}{1+\lambda}\right)^{t_j} \ln\left(\frac{1+\lambda}{1+\lambda_0}\right) \tag{4-21}$$

令$\frac{\partial \pi_i}{\partial t_j}=0$，整理后求解可得$t_j$如（4-22）式所示。

$$t_j = \frac{\ln\left\{(1-\theta_i)\left[\ln(1+\lambda)-\ln(1+\lambda_0)\right]C_0\right\} - \ln\left\{V(\sigma_i)\left[(j\eta(\sigma_i)-1\right]\right\}}{\ln(1+\lambda)-2\ln(1+\lambda_0)} \tag{4-22}$$

通过对t_i和t_j的比较可知，第i个加入工程建设领域数字政府工程系统平台建设的政府，将工程建设领域数字政府工程系统平台投入使用的最佳时机为t_j，即：上级政府对第i个城市政府使用数字政府工程系统实施激励的时间。

2）如果有两个城市政府i和j，且有$\sigma_i > \sigma_j$，则城市政府i在城市政府j后使用时，必有$\theta_i < \theta_j$。

采用反证法，假设$\theta_i > \theta_j$，城市政府i和城市政府j的使用时间分别为t_k和t_l，则有（4-23）式、（4-24）式成立。

$$t_k = \frac{\ln\left\{(1-\theta_i)\left[\ln(1+\lambda)-\ln(1+\lambda_0)\right]C_i\right\} - \ln\left\{V(\sigma_i)\left[k\eta(\sigma_i)-1\right]\right\}}{\ln(1+\lambda)-2\ln(1+\lambda_0)} \tag{4-23}$$

$$t_l = \frac{\ln\left\{(1-\theta_j)\left[\ln(1+\lambda)-\ln(1+\lambda_0)\right]C_j\right\} - \ln\left\{V(\sigma_j)\left[k\eta(\sigma_j)-1\right]\right\}}{\ln(1+\lambda)-2\ln(1+\lambda_0)} \tag{4-24}$$

由于城市政府i在城市政府j后使用，所以有：$t_k > t_l$，即（4-25）式成立。

$$\frac{\ln\left\{(1-\theta_i)\left[\ln(1+\lambda)-\ln(1+\lambda_0)\right]C_i\right\} - \ln\left\{V(\sigma_i)\left[k\eta(\sigma_i)-1\right]\right\}}{\ln(1+\lambda)-2\ln(1+\lambda_0)} >$$

$$\frac{\ln\left\{(1-\theta_j)\left[\ln(1+\lambda)-\ln(1+\lambda_0)\right]C_j\right\} - \ln\left\{V(\sigma_j)\left[k\eta(\sigma_j)-1\right]\right\}}{\ln(1+\lambda)-2\ln(1+\lambda_0)} \tag{4-25}$$

因为$\theta_i > \theta_j$，且根据4.3.1假设（4）可知，$\frac{\mathrm{d}V(\sigma_i)}{\mathrm{d}\sigma_i} \geqslant 0$，$\frac{\mathrm{d}\eta(\sigma_i)}{\mathrm{d}\sigma_i} \geqslant 0$，比较不等式（4-25）式两边，要使$t_k > t_l$成立，必有$\sigma_i < \sigma_j$。这与题设条件相矛盾，所以，$\theta_i < \theta_j$。

4.3.3 结果分析

（1）工程建设领域数字政府建设的顺序与上级政府财政补贴率、城市经济发展水平正相关

工程建设领域数字政府工程建设的顺序与上级政府财政补贴率、城市经济发展水平正相关主要包含三层含义：①当上级政府对城市政府实施数字政府工程系统建设提供的财政补贴率相等时，城市政府使用数字政府系统的先后顺序与其经济发展水平正相关。由4.3.2中（2）的求解结果可知，如果上级政府给每一个城市政府提供的补贴率都为θ，则经济发展水平高的城市政府将率先使用数字政府系统，经济发展水平低的城市政府后使用数字政府系统。②当城市经济发展水平相当时，如果要使经济发展水平低的城市政府先使用数字政府系统，则上级政府必须给予其更高的财政补贴率。③上级政府对城市政府提供的财政补贴率越高，城市政府使用数字政府系统的时间越往前移。根据4.3.2中推导过程可知，最佳使用时间对补贴率的偏导数小于0（如4-26式所示），说明上级政府的补贴率θ越大，则城市政府的使用时间越往前移。因此，上级政府可通过提供的补贴多少来影响城市政府使用数字政务系统平台的决策。

$$\frac{\partial t_i}{\partial \theta_i} = -\frac{1}{(1-\theta_i)[\ln(1+\lambda) - 2\ln(1+\lambda_0)]} < 0 \tag{4-26}$$

（2）数字政府工程系统最佳使用时间与城市经济发展水平正相关、与城市信息需求水平负相关

数字政府系统最佳使用时间与城市经济发展水平正相关、与使用顺序负相关，主要包含两层含义：①城市经济发展水平越高，城市政府使用数字政府系统的时间应越靠前。最佳使用时间对经济发展水平的偏导数小于0[式（4-27）]，说明城市的经济发展水平σ_i越高，则城市政府使用数字政府系统的时间应该越往前移。因为，当城市经济发展水平越高时，与加入数字政府系统所需的成本相比，城市政府可获得的收益更大，因此城市政府希望早点使用。②城市政府信息需求水平越低下，其实施数字政府工程系统的时间越靠后，其错过工程建设领域数字政府工程系统的最佳使用时间的可能性越大。最佳使用时间对使用顺序的偏导数小于0[式（4-28）]，说明城市政府在使用数字政府系统中的顺序越靠后，则城市政府使用数字政府系统的时间越应该往前移。

$$\frac{\partial t_i}{\partial \sigma_i}=\frac{-\dfrac{1}{V(\sigma_i)[\eta(\sigma_i)i-1]}\left\{\dfrac{\mathrm{d}V(\sigma_i)}{\mathrm{d}\sigma_i}[\eta(\sigma_i)i-1]+V(\sigma_i)\dfrac{\mathrm{d}\eta(\sigma_i)}{\mathrm{d}\sigma_i}\right\}}{\ln(1+\lambda)-2\ln(1+\lambda_0)}<0 \tag{4-27}$$

$$\frac{\partial t_i}{\partial j}=\frac{-\dfrac{1}{V(\sigma_i)[\eta(\sigma_i)j-1]}V(\sigma_i)\eta(\sigma_i)}{\ln(1+\lambda)-2\ln(1+\lambda_0)}<0 \tag{4-28}$$

在对工程建设领域数字政府工程建设时机进行分析的基础上，得出城市政府实施数字政府工程建设的时间主要与城市经济发展水平和上级政府的财政补贴率有关，数字政府工程系统最佳使用时间与城市经济发展水平正相关、与城市信息需求水平负相关。

因此，在工程建设领域数字政府工程建设中，为了把握好工程建设领域数字政府工程建设的时机，必须确保城市政府与其下属政府部门协调一致、紧密合作，立足城市经济发展水平和社会信息需求的现状，有计划、有组织地推进工程建设领域数字政府工程建设。因此，需要对实施数字工程建设的城市政府和政府部门实施博弈分析。

4.4 政府与其职能部门的Stackelberg主从博弈分析

4.4.1 基本假设

1）工程建设领域数字政府工程建设主体包括两类，即：政府与其职能部门。其中，政府通过制订相关政策实现投资建设；假定政府中有j（j=1，2…p）个部门，并对j个不同政府部门不再进行详细分类；政府在数字化建设方面具有影响其部门的潜力，各部门对政府的决策与行为会产生相应的反应。

2）工程建设领域数字政府工程建设总体投资可以由政府和各部门分担，各主体在投资中所占比例即参与率的取值在0与1之间，所有投资者的参与率之和为1。

3）工程建设领域数字政府建设的投资需求增长速度在正常范围内波动，不会出现偏高或者偏低的情况，即投资弹性在正常的合理范围内，为大于0小于1的数值。

4）如果政府制定统一规划和政策，则工程建设领域数字政府建设中政府和其部门合作的投资经济效益可为双方共享，否则不能共享。

5）工程建设领域数字政府工程建设的投资包括两类，即：当期投入和前期投入。其中，当期投资是指为建设数字政府所发生的资源消耗，记为增量投资；前期投资是指在投资前或同时发生的与该建设相关的其他投入，其是保证增量投资投入的基础性因素。

6）工程建设领域数字政府工程建设的投资收益受前期投入与当期投入的影响，并且函数关系式为非线性，且投资收益伴随投资的增加而增加，当投资增加到一定量时，收益函数可以达到理论上的极大值。

7）各投资主体都是理性经济人，以实现投资利润最大化为目标。

8）政府和政府部门共享合作收益时，工程建设领域数字政府建设的增量投资收益函数如（4-29）式所示。

$$Y(k, \tau, I_G, I_1, I_2, \cdots, I_j, \cdots, I_p) = k\tau^r \prod_{j=1}^{p} I_j^{\delta_j} I_{\mathrm{G}}^{\delta_{\mathrm{G}}} + \varepsilon \tag{4-29}$$

其中，k表示基本投资系数，τ表示整体投入，r表示政府和部门合作的投资弹性，I_{G}和I_j分别代表政府和其部门对数字政府的前期投入，δ_{G}和δ_j分别代表政府和其部门投资的弹性系数，且$0<r$，δ_{G}，$\delta_j<1$，ε表示投资环境的不确定性。

政府参与度为w，政府部门的参与度为w_j，$w+\sum_{j=1}^{p} w_j = 1$（$0<w$，$w_j<1$）。政府和其部门j的边际收益分别为ρ_{G}和ρ_j。政府投资效益π_{G}、政府部门中第j个投资者的投资效益π_j、工程建设领域数字政府工程总收益π_z分别如（4-30）式、（4-31）式、（4-32）式所示。

$$\pi_{\mathrm{G}} = \rho_{\mathrm{G}} \left(k\tau^r \prod_{j=1}^{p} I_j^{\delta_j} I_{\mathrm{G}}^{\delta_{\mathrm{G}}} \right) - \tau w \tag{4-30}$$

$$\pi_j = \rho_j \left(k\tau^r \prod_{j=1}^{p} I_j^{\delta_j} I_{\mathrm{G}}^{\delta_{\mathrm{G}}} \right) - \tau w_j \tag{4-31}$$

$$\pi_z = \pi_{\mathrm{G}} + \sum_{j=1}^{p} \pi_j = \left(\rho_{\mathrm{G}} + \sum_{j=1}^{p} \rho_j \right) k\tau^r \prod_{j=1}^{p} I_j^{\delta_j} I_j^{\delta_{\mathrm{G}}} - \tau \tag{4-32}$$

9）政府和政府部门不共享合作收益时，工程建设领域数字政府建设的增量投资收益函数如（4-33）式所示。

$$Y(\tau)=k\tau^{r} \tag{4-33}$$

政府投资效益π'_{G}、政府部门中第j个投资者的投资效益π'_{j}、工程建设领域数字政府工程总收益π'_{z}分别如（4-34）式、（4-35）式、（4-36）式所示。

$$\pi'_{G}=\rho_{G}k\tau^{r}-\tau w \tag{4-34}$$

$$\pi'_{j}=\rho_{j}k\tau^{r}-\tau w_{j} \tag{4-35}$$

$$\pi'_{z}=\pi'_{G}+\sum_{j=1}^{p}\pi'_{j}=\left(\rho_{G}+\sum_{j=1}^{p}\rho_{j}\right)k\tau^{r}-\tau \tag{4-36}$$

4.4.2 模型求解

在工程建设领域数字政府建设过程中的政府与其职能部门的主从博弈模型中，政府作为Leader，其部门作为Followers，分两阶段进行Stackelberg博弈。第一阶段，政府首先确定在数字化政府建设中的参与率；第二阶段，其部门确定各自的投资以及参与率，作为对政府和对数字化建设投资的反应。

（1）制订规划的博弈

在政府制订规划的情况下，假设政府的参与率为w，其部门进行Stackelberg博弈，决定总体投资τ以及各自的参与率w_{j}，在此基础上，可建立各部门投资者的目标函数如（4-37）式所示。

$$\begin{cases}\max\limits_{\tau,\ w_{j}}\pi_{j}=\rho_{j}k\tau^{r}\prod\limits_{j=1}^{p}I_{j}^{\delta_{j}}I_{G}^{\delta_{G}}-\tau w_{j}\\ s.t.\qquad w+\sum\limits_{j=1}^{p}w_{j}=1\end{cases} \tag{4-37}$$

构造拉格朗日函数如（4-38）式所示。

$$L_{j}=\rho_{j}k\tau^{r}\prod_{j=1}^{p}I_{j}^{\delta_{j}}I_{G}^{\delta_{G}}-\tau w_{j}+\lambda_{j}(w+\sum_{j=1}^{p}w_{j}-1) \tag{4-38}$$

分别对α，t_{i}和λ_{i}求导，可得（4-39）式、（4-40）式、（4-41）式。

$$\frac{\partial L_{j}}{\partial\tau}=r\rho_{j}k\tau^{r-1}\prod_{j=1}^{p}I_{j}^{\delta_{j}}I_{G}^{\delta_{G}}-w_{j}=0 \tag{4-39}$$

$$\frac{\partial L_{j}}{\partial w_{j}}=\tau+\lambda_{j}=0 \tag{4-40}$$

$$\frac{\partial L_j}{\partial \lambda_j} = w + \sum_{j=1}^{p} w_j - 1 = 0 \tag{4-41}$$

从而可以求得政府部门投资者的最优总体投资及最优参与率的结果分别如（4-42）式和（4-43）式所示。

$$\tau^* = \left(\frac{1-w}{rkI_{\mathrm{G}}^{\delta_{\mathrm{G}}} \prod_{j=1}^{p} I_j^{\delta_j} \sum_{j=1}^{p} \rho_j} \right)^{\frac{1}{r-1}} \tag{4-42}$$

$$w_j^* = \frac{(1-w)\rho_j}{\sum_{j=1}^{p} \rho_j} \tag{4-43}$$

由（4-42）式可知，不论政府的参与率如何变化，对于数字政府增量投资的最优值都相等，如（4-44）式所示。

$$\frac{\partial \tau^*}{\partial w} = \left(\frac{1}{1-r} \right) \times \frac{1}{(1-w)^{1+\frac{1}{1-r}}} \times \left(rkI_{\mathrm{G}}^{\delta_{\mathrm{G}}} \prod_{j=1}^{p} I_j^{\delta_j} \sum_{j=1}^{p} \rho_j \right)^{1-r} > 0 \tag{4-44}$$

基于政府部门的反应，政府自身效益最大化的公式如（4-45）式所示。

$$\max_{w} \pi_{\mathrm{G}} = \rho_{\mathrm{G}} k (\tau^*)^r \prod_{j=1}^{p} I_j^{\delta_j} I_{\mathrm{G}}^r - \tau^* w \tag{4-45}$$

将τ^*代入（4-45）式，可求得政府的最优参与率如（4-46）式所示。

$$w^* = 1 - \frac{\sum_{j=1}^{p} \rho_j}{\rho_{\mathrm{G}} + r\sum_{j=1}^{p} \rho_j} \tag{4-46}$$

再将w^*代入（4-42）式，可求得数字政府增量投资的最优值如（4-47）式所示。

$$\tau^{**} = \left[rkI_{\mathrm{G}}^{\delta_{\mathrm{G}}} \prod_{j=1}^{p} I_j^{\delta_j} \left(\rho_{\mathrm{G}} + r\sum_{j=1}^{p} \rho_j \right) \right]^{\frac{1}{1-r}} \tag{4-47}$$

再将α^{**}代入（4-32）式，即可得到整体效益的均衡值π_z^*如（4-48）式所示。

$$\pi_z^* = \frac{1-r}{r} \left(1 + \frac{1}{\rho_{\mathrm{G}} + r\sum_{j=1}^{p} \rho_j} \right) \left[rkI_{\mathrm{G}}^{\delta_{\mathrm{G}}} \prod_{j=1}^{p} I_j^{\delta_j} \left(\rho_{\mathrm{G}} + r\sum_{j=1}^{p} \rho_j \right) \right]^{\frac{1}{1-r}} \tag{4-48}$$

综上所述，Stackelberg的均衡值分别如（4-49）式、（4-50）式、（4-51）式、（4-52）式所示。

$$w^*=\begin{cases}1-\dfrac{\sum_{j=1}^{p}\rho_j}{\rho_G+r\sum_{j=1}^{p}\rho_j}\text{，当}\dfrac{\rho_G}{\sum_{j=1}^{p}\rho_j}>1+r\\0\text{，其他}\end{cases} \tag{4-49}$$

$$w_j^*=\begin{cases}\dfrac{\rho_j}{\rho_G+r\sum_{j=1}^{p}\rho_j}\text{，当}\dfrac{\rho_G}{\sum_{j=1}^{p}\rho_j}>1-r\\0\text{，其他}\end{cases} \tag{4-50}$$

$$\tau^*=\left[rkI_G^{\delta_G}\prod_{j=1}^{p}I_j^{\delta_j}\left(\rho_G+r\sum_{j=1}^{p}\rho_j\right)\right]^{\frac{1}{1-r}} \tag{4-51}$$

$$\pi_z^*=\frac{1-r}{r}\left(1+\frac{1}{\rho_G+r\sum_{j=1}^{p}\rho_j}\right)\left[rkI_G^{\delta_G}\prod_{j=1}^{p}I_j^{\delta_j}\left(\rho_G+r\sum_{j=1}^{p}\rho_j\right)\right]^{\frac{1}{1-r}} \tag{4-52}$$

（2）不制订规划的博弈

在政府不制订规划情况下，同理可以得出Stackelberg博弈的均衡值如（4-53）式、（4-54）式、（4-55）式、（4-56）式所示。

$$w^*=\begin{cases}1-\dfrac{\sum_{j=1}^{p}\rho_j}{\rho_G+r\sum_{j=1}^{p}\rho_j}\text{，当}\dfrac{\rho_G}{\sum_{j=1}^{p}\rho_j}>1+r\\0\text{，其他}\end{cases} \tag{4-53}$$

$$w_j^*=\begin{cases}\dfrac{\rho_j}{\rho_G+r\sum_{j=1}^{p}\rho_j}\text{，当}\dfrac{\rho_G}{\sum_{j=1}^{p}\rho_j}>1-r\\0\text{，其他}\end{cases} \tag{4-54}$$

$$\tau^*=\left[rk\left(\rho_G+r\sum_{j=1}^{p}\rho_j\right)\right]^{\frac{1}{1-r}} \tag{4-55}$$

$$\pi_z^* = \frac{1-r}{r}\left(1+\frac{1}{\rho_G + r\sum_{j=1}^{p}\rho_j}\right)\left[rk\left(\rho_G + r\sum_{j=1}^{p}\rho_j\right)\right]^{\frac{1}{1-r}} \tag{4-56}$$

4.4.3 结果分析

（1）政府的投资数额越大，政府获得的收益越多

由（4-49）式和（4-50）式可知：当政府对工程建设领域数字政府的参与率增加时，政府部门的边际收益之和减小，而政府的边际收益增大。因此，在政府与政府部门投资合作时，政府的投入越大，政府获得的收益越多。

（2）制定统一规划有利于政府实现自身收益的提高

政府投资于数字政府的条件是其边际收益与政府部门的边际收益之和的比值应大于单位投资弹性。从（4-49）式和（4-53）式得到w^*的不等式约束条件分别为$\frac{\rho_G}{\sum_{j=1}^{p}\rho_j} > 1+r$和$\frac{\rho_G}{\sum_{j=1}^{p}\rho_j} > 1-r$。可以推断如果政府制订的规划合理有效，则政府的边际收益总会大于政府部门的边际收益之和的$1+r$倍；而如果政府不制订规划，则政府的边际收益总会小于政府部门的边际收益之和的$1-r$倍。这说明政府如果制订规划对其是有利的，可以实现自身利益的最大化。

根据（4-51）式和（4-55）式，通过对政府是否制订规划的情况进行对比，两个公式比值$\left(I_G^{\delta}\prod_{j=1}^{p}I_j^{\delta_j}\right)^{\frac{1}{1-r}} > 1$。因此，在政府制订规划的情况下，增量投入即投资会相应地增加。根据（4-52）式和（4-56）式，通过对政府是否制订规划的投入效益情况进行对比，两个公式比值也为$\left(I_G^{\delta}\prod_{j=1}^{p}I_j^{\delta_j}\right)^{\frac{1}{1-r}} > 1$，说明在政府制订规划的情况下获得的总收益也相应地提高。

（3）政府职能部门的投资决策受政府参与率和边际收益的双重影响

从（4-44）式可知政府在数字政府建设中的参与率越高，政府部门的总体投入就越高。因此，政府的参与率w将可能成为政府部门参与投资决策时考虑的主要因素。在考虑以上因素的同时，从（4-50）式和（4-54）式可知：政府部门主要通过自身的边际收益ρ_j来决定自己的投资比例w_j。

在对政府和政府部门的主从博弈结果进行分析的基础上，得出了政府投资数额越大、政府所获收益越多，政府投资比率越高、政府部门参与工程建设领域数字政府工程建设的积极性越高，制定统一规划有利于政府实现自身利益的最大化，政府部门的投资决策受政府参与率和边际收益的双重影响等结论。

因此，在工程建设领域数字政府工程建设中，政府要想获得更多收益、提高其下属政府部门的参与积极性、实现自身利益的最大化，必须制定并实施统一规划。

4.5 本章小结

结合数字政府工程建设的信息资源、信息网络、信息技术应用、信息产业化、信息人才培养、信息化政策和标准规范六大方面的研究，提出了孤岛型系统、数据库系统、一站式系统三种数字政府工程建设系统，建立了数字政府工程成本分析模型，得出了不同类型的数字政府工程系统存在帕累托改进、缩减信息处理经过的政府部门数可以降低数字政府工程建设的成本、政府部门建设数字政府工程系统意愿不高、提高政府部门或公务员的数字政府业务水平至关重要等结论。因此，在数字政府工程建设开展过程中，中央政府必须发挥好导向作用，合理选取试点城市、指导其选取与之相适应的数字政府工程建设系统并提供相应的经济资助，把握好数字政府工程系统的建设时机。

在对数字政府建设时机进行分析的基础上，得出了城市政府实施数字政府建设的时间主要与城市经济发展水平和上级政府的财政补贴率有关，数字政府工程系统最佳使用时间与城市经济发展水平正相关、与城市信息需求水平负相关等结论。因此，在数字政府建设中，为了把握好数字政府工程建设的时机，必须确保城市政府与其下属政府部门协调一致、紧密合作，立足城市经济发展水平和社会信息需求的现状，有计划、有组织地推进数字政府建设。通过建立政府和政府部门的Stackelberg主从博弈模型，在对博弈结果分析的基础上，得出了政府投资数额越大、政府所获收益越多，政府投资比率越高、政府部门参与数字政府工程建设的积极性越高，制定统一规划有利于政府实现自身利益的最大化，政府部门的投资决策受政府参与率和边际收益的双重影响等结论。因此，在数字政府建设中，政府要想获得更多收益、提高其下属政府部门的参与积极性、实现自身收益的提高，必须制定并实施统一规划。

因此，数字政府建设的机理可以概括为政府导向、协调一致、统一规划，即：

中央政府合理导向，城市政府与其职能部门协调一致、紧密合作，以城市经济发展水平和社会信息需求为标准实施统一规划，采取合理的管理模式、建立积极的保障体系，推动数字政府工程建设的开展。

第5章 —— 基于工程项目监管的数字政府持续发展研究

5.1 数字政府建设的影响因素分析

5.1.1 数字政府与城市发展的关系

基于工程项目监管的数字政府属于现有政府在横向协同方面的虚拟政府，它服从于整个数字政府的建设，而整个数字政府的建设又受限制于整个城市的发展，其关系如图5-1所示。

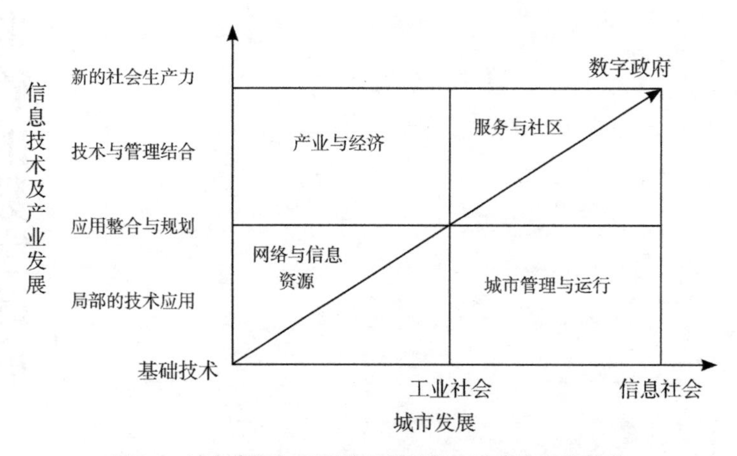

图5-1 城市发展与工程建设领域数字政府建设的关系

数字政府工程建设必须紧紧围绕城市经济和社会发展战略，紧紧围绕企业和社会等各方面的需求，因地制宜，讲求实效，才能带动城市经济的全面发展和社会进步。决定信息化发展方向和力度的是需求和预期效果。其关键是学习并从本质上理解国民经济和社会发展的战略规划，通过对经济、政治、文化、社会、军事战略目标和重点任务、关键问题的分析，归纳、总结信息化的关键和重点。可见，数字政府工程的经济效益，是数字化持之以恒的基础和不灭的动力源泉。

5.1.2 数字政府与行业发展的关系

行业对信息需求量的大小与经济发展、人均国民收入有着密切的关系。根据西方经济学中的新古典增长理论，人均收入的增加及其增长速度的快慢呈现明显的阶段性发展特征。如图5-2所示。

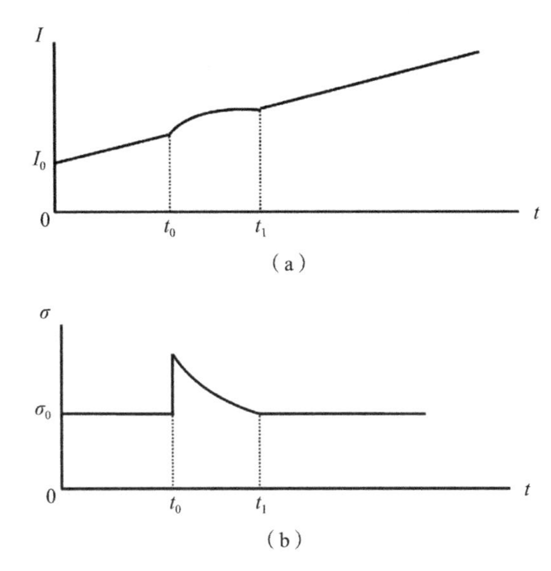

图5-2　人均产出和增长率随时间变化的轨迹

在图5-2中，I表示人均产出、I_0表示人均产出初始值；σ表示人均产出增长率、σ_0表示人均产出增长率初始值；t表示时间，t_0、t_1表示两个时间节点，将人均收入及其增长率划分为三个阶段，其中：$[0，t_0]$为第一阶段，$[t_0，t_1]$为第二阶段，t_1之后为第三阶段。

在图5-2中，其中：（a）图显示了人均收入的时间路径；（b）图显示了人均收入增长率的时间路径。图5-2呈现明显的阶段性发展特征：①第一阶段，人均产出增长率保持稳定，人均产出虽然呈现增长趋势，但是人们并没有多余的收入用于信息消费，此时，社会信息需求按直线规律变化，且斜率接近于零，反映了科技及信息基础设施还不够发达，社会对信息需求虽有增长但还不很高。②第二阶段，人均产出增长率逐渐下降，但是人均产出的增长始终处于原始增长率水平之上，是人们财富的积累期，人们对信息的需求和支付能力也随之增强，社会信息需求的变化趋势与人均产出增长率的变化趋势呈现正相关关系。③第三阶段，人均产出增长率保持稳定，人均财富的积累已经达到一定水平，人们对信息的需求按照较高的水平保持稳定增长。如图5-3所示。

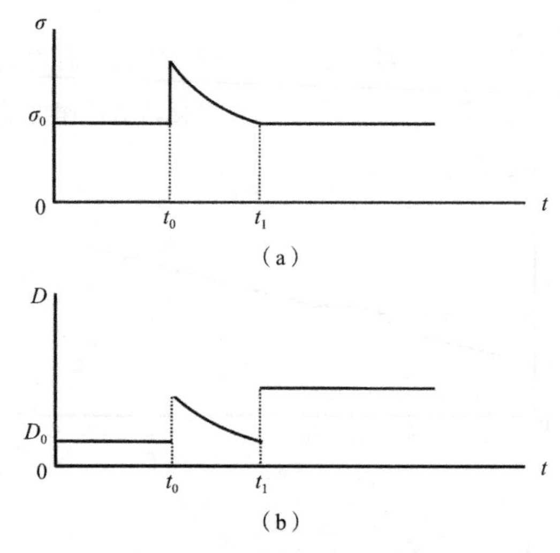

图5-3　信息需求随时间变化的轨迹

因此，只有当国民经济总体发展达到一定水平，经济活动的信息需求才会增加到现代信息技术所要求的经济规模，人均收入水平的提高才能支付得起相应的信息服务费用，有效需求才能上升，数字化才能迅速发展。

5.1.3 数字政府建设与社会信息能力

利用信息不只是技术问题，而且依赖于人的信息理解和处理能力，即信息能力。信息能力不同于购买力，信息能力是指具有运用信息技术工具和信息资源来提高自己的工作效率和效能的本领，其本质上是一种操作知识的能力，包括信息识别能力、信息获取和收集能力、信息保存能力、信息处理能力与信息利用能力等，它取决于使用者自身的知识存量水平。很明显，信息消费和其他物质的消费有明显的区别。

数字政府的发展和建设还应与公务员和市民的信息能力相适应，这是由信息产品的消费特点所决定的。在创造社会物质财富的过程中，信息只是一种要素，它只有和人们创造物质财富的实践活动结合起来，才能发挥出巨大作用。这种结合是一种乘积关系，而不是相加关系。这也是信息的渗透性，即信息发挥作用是通过渗透于各生产要素之中，与它们相互结合而创造出更高的生产力、更多的社会财富。因此，信息产品的消费，从其实际效果和最终形式来看，主要取决于使用者的素质，信息使用者的信息能力是关系到数字化发展的关键因素。

事实上，公职人员的态度是数字政府构筑和政府革新能否成功相当重要的一环。公职人员对待数字政府一直存在着理查德·希克斯和安妮·戴维斯所说的“四眼模式”。它反映了公职人员对待ICT所带来的政府革新的不同立场。第一种是对数字政府引发的改革漠视；第二种是对数字政府建设抱有事不关己的态度；第三种是对数字政府建设推崇备至；第四种是以整合的态度对待数字政府建设。

数字政府的发展与公务员和市民信息能力的提高是一个互动的过程，信息在本质上是外部事件作用于信息接收者而产生的一种刺激，这种刺激的效果改变了信息接收者的知识结构，使其可以利用新知识做出正确的决策。所以，数字政府的发展和建设不能脱离公务员和市民当前的信息能力。

5.2 服务于工程项目监管数字政府发展中的失灵

5.2.1 政府在工程项目信息化中的作用

如前所述，工程领域信息化包括政府信息化和行业信息化，两者的关系是共生的关系、互补的关系。按照马克思生产力和生产关系的二分范畴，行业信息化作为经济基础决定了作为上层建筑的政府信息化，政府信息化作为上层建筑对作为经济基础的行业信息化有反作用。世界经济论坛主席克劳斯·施瓦布（Klaus Schwab）说，技术的改变从来不是孤立的现象，一个技术变了，整个系统要随之改变。

（1）行业信息化需要政府提供标准和法律法规支持

一般认为，以BIM为代表的信息技术在工程行业的应用需要具备一些条件，包括硬件、软件、人员、标准和法律法规条件等。

首先，硬件条件。使用BIM的硬件条件包括：客户端（个人计算机）、服务器、网络及存储设备等。BIM应用的硬件和网络在企业BIM应用初期的资金投入相对集中，对后期的整体应用效果影响较大。由于IT技术的快速发展，硬件资源的生命周期越来越短。在BIM硬件环境建设中，既要考虑BIM对硬件资源的要求，也要将企业未来发展与现实需求结合考虑，既不能盲目求高求大，也不能过于保守，应遵循适度超前的原则[81]。

其次，软件条件。由于不同的软件具有不同的功能，适用于不同的专业，具有不同的优势，而且软件是BIM利用工作人员直接操控的工具，硬件必须和软件匹配才能应用和发挥其价值，所以软件条件是核心环节。

和BIM相关的软件种类极其繁多，其适用范围也千差万别。刘占省等认为，我国习惯将软件分为基础软件、BIM工具软件和BIM平台软件[82]。

Chuck Eastman在《BIM手册》中将BIM应用软件按其功能分为三类，即BIM环节软件、BIM平台软件和BIM工具软件。Chuck Eastman还特地列举了4种不属于BIM技术的建模技术，包括：①只包含3D数据而没有（或很少）对象属性的模型；②不支持行为的模型；③由多个定义建筑物的2D的CAD参考文件组成的模型；④在一个视图上更高尺寸而不会自动反映在其他视图上的模型[83]。

再次，人员条件。工程建设事业的发展和信息技术的利用最终落实到具体的人上，人始终是我们事业发展的决定性力量，工程建设事业的发展最终也是为了满足人的需求。在以BIM为特征的信息技术的利用中有三种人，BIM工具制造商，BIM标准的提供者以及BIM用户（信息创建人和使用人）。以上三种人之间相互作用相互联系，再好的工具和标准都需要使用者，所以BIM在城市建设事业的发展和应用最终体现在BIM用户身上。如果用户能够很好地理解BIM的内涵以及发展趋势，那么用户就是推动BIM发展的动力，否则就可能成为阻力。

最后，标准和法律法规条件。为了在工程建设项目全寿命周期中能够有效传递和共享有关信息，能够在模型中进行相关的操作，所以需要制定相关的技术标准。BIM相关技术标准用于规定：什么人在什么阶段产生什么信息，信息应该采用什么格式，信息应该如何分类等[83]。

（2）政府支持是工程建设领域信息化发展的重要环节

国内外研究者们对阻碍建筑业BIM应用的因素进行了大量的探索。张春霞[5]认为，BIM人才缺乏、业主需求不明确、BIM软件不成熟等是影响BIM在我国发展的主要障碍。何清华等[84]指出影响BIM在建筑施工行业应用的主要因素有高层鼓励和支持、业主要求、政府推力、BIM软件的兼容性、BIM实施成本、BIM法律问题、投资收益不明等。刘献伟等[85]认为，BIM软件不成熟、BIM应用案例少、硬件要求高等是影响BIM应用的主要原因。张连营等[86]认为，阻碍BIM使用的因素有缺乏BIM合同和法律、BIM标准和指南、政府宣传和引导力度、各参与方的不习惯配合、BIM实践经验少、BIM人才缺、不习惯思维模式变化、BIM收益不明、BIM软硬件初始投资高。李祥伟等[87]指出影响BIM推广的主要因素有BIM成本和收益不明、BIM软件缺乏、BIM推动模式、员工支持、BIM标准缺乏。

Salman Azhar等[88]认为影响BIM实施和使用的主要障碍是BIM实施和使用方式不清晰、BIM数据的所有权不明确、缺乏BIM标准和过程指南、模型的构建和费用的承担主体不明确。Chuck Eastman等认为，BIM实施的主要障碍是员工摒弃旧的思维习惯、工作流程和缺乏受过培训的BIM人员[89]。Darius Migilinskas等[90]认为，软件不兼容、使用耗时长成本高、BIM应用模式不明确、初始投资高、学习软件时间长、高层支持不够、BIM标准和指导缺乏是阻碍建筑业BIM使用的主要因素[90]。

Jongsung Won等[91]通过全球性的调查问卷指出BIM应用所面临的障碍主要分为组织因素和技术因素，并且组织因素比技术因素更关键。Robert Eadie等[92]认为，影响 BIM 应用的因素除了组织和技术方面，还应包括缺乏供应链的支持、经济因素、缺乏 BIM 专业和技术人才、法律问题、缺乏高级管理者的支持等因素。

McGraw-Hill建筑公司2010年的BIM调研报告指出充足的培训、高层的统一认识、软件的高昂成本、硬件升级成本高等是BIM采用的主要障碍。皇家特许测量师协会（RICS）2011年的BIM调研报告认为，缺少标准、数据所有权和责任不明、缺少政府指导、缺少新的或修订的施工合同、缺少培训等是影响BIM采纳的主要因素。

综合以上分析，可以得出结论，政府支持缺失成为工程建设领域信息化发展的主要障碍。就全球范围而言，新加坡政府和英国政府强制业界应用BIM，在推动工程建设信息化方面成绩有目共睹。

（3）政府在工程项目信息化中的作用

政府在工程项目信息化中要解决如下问题：

第一，政府协助业界解决工具的选择问题。有关BIM的软件种类繁多，而软件本身难免有缺陷，或者软件之间的共容性差等可能会造成信息的错误或者流失，其中的责任如何承担成为重要的议题[93，94]。尽管所有软件开发商都致力于排除软件的瑕疵，但是软件均难免有其不完美的地方，如果由于软件存在的问题导致专业判断错误或者因为软件共容性问题造成信息错误，难免会衍生法律责任。由于软件开发商在使用软件协议时一般有免责声明，因而难以向软件开发商索赔。由上可知，工程项目信息化产品的供应市场是一个不完全竞争的市场，需要政府发挥其作用，帮助企业解决工具的选择问题。为了区分BIM相关软件，世界著名的工程软件开发商，比如Autodesk、Bentley、Graphisoft、Gehry、Technologies、Tekla等为了保证其软件配置的IFC正确性，并能够与其他品牌的软件通过IFC格式正确地交换数据，他们都把其开发的软件送到BSI进行IFC认证。一般认为，软件通过了BSI认证标志着该软件产品真正采用了BIM技术。这给我国政府提供了借鉴。

第二，政府协助业界解决遇到责任与风险的问题。比如，若设计单位必须提供BIM模型作为设计文件的一部分时，不仅其所提供的信息量提高了，而且提供的信息有错误的话导致施工单位施工错误的赔偿风险也提高了[95，96]。

第三，标准和法律法规条件和BIM信息的有效性问题。为了在城市建设项目全寿命周期中能够有效传递和共享有关信息，能够在模型中进行相关的操作，所以需要制定相关的技术标准。BIM相关技术标准用于规定：什么人在什么阶段产生什么信息，信息应该采用什么格式，信息应该如何分类等[83]。在传统的工程建设领域中，人们习惯使用2D的图纸表达信息，如果使用三维的BIM模型，那么法律是否认可？倘若二维的信息和三维的信息之间产生冲突，应该以哪一个为准？

第四，政府协助解决工程建设各方合作的契约问题。工程建设领域中的项目执行需要多方合作方能完成实体项目，各方之间合作之前只有依靠契约来维持，在契约中需要厘清各方使用BIM增加的工作量、费用的计取、各个阶段模型交付的标准、最终验收的标准、涉及的知识产权等方面的问题等[97，98]。

第五，国内产业保护问题。在全球化的背景下，我国工程建设信息化的硬件和软件与发达国家相比还有一定的差距，“核心技术和设备受制于人”。一方面，我国还需要进行大量的工程建设，“仍处于可以大有作为的重要战略机遇期”，“信息革命为我国加速完成工业化任务、跨越‘中等收入陷阱’、构筑国际竞争新优势提供了历史性机遇”；另一方面，“我们面临不进则退、慢进亦退、错失良机的巨大风险”。所以，如何保护和促进国内工程建设领域信息化发展的力量，也成为政府部门要研究的重要课题。

5.2.2 信息化的外部性和公共物品问题

(1) 信息化发展中的外部性问题

王广斌等根据欧美的BIM案例，探讨BIM实践中的各企业受益情况，并根据中国国情，推断不同的受益情况影响各方参与BIM应用的热情[99]。一个企业对其所雇用的人才进行BIM方面的培训，这个人才学成之后可能转到其他单位工作，该企业并不能从其他单位索回培训费或得到其他形式的补偿。耿跃龙通过调查，认为中国当前建筑企业应用BIM的收益低于投资的成本，利润不明显，BIM技术刚进入中国市场不久，相对而言，CAD在中国市场发展相对成熟，成本较低，企业对CAD更为信任，不愿改变现状[100]。

具体说来建筑业利用BIM的外部性有两种，一是交互外部性，二是代际外部性。

建设项目的三类主要参与方是业主、设计方和施工方。单一参与企业使用BIM可以利用BIM的技术优势，提高建模质量，模型直接、美观、形象清晰，可以帮助使用者降低成本，节约时间，提高效率。当全行业三类参与企业都使用BIM，整个工程的信息可以实现更高质量和更快速度的传递。因此，单一参与企业出于自身设计和控制考虑而使用BIM，可以为其他参与企业提供信息共享、工作协同等便捷。各参与企业在BIM应用过程中具有交互的正外部性。此外，BIM的推行与采用可以推动全行业信息化发展，加强信息全产业流通，促进行业进步，这对建筑业发展有极大效益。这种外部性就是交互外部性。

当代人在追求当代利益最大化的过程中，很少考虑未来长期的利益，这就产生了代际外部性。BIM技术的利用是可累计的，任何单一项目所建立的BIM模型及其数据和族库可以为以后的项目提供利益，从而促进行业进步，这对建筑业发展有极大的效益。根据Autodesk公司做的调查，与新手相比，资深的BIM应用者可以通过BIM获得更多的收益[101]。根据何关培的调查，项目从建设阶段就采用BIM，对建筑价值提升最快，影响最大[102]。当代人不展开对BIM的建设会使得未来对既有建筑采用BIM建设和改造的难度加大。

（2）工程建设领域信息化过程中的公共物品缺失

市场规律对公共产品领域无能为力，或调节作用甚微。公共产品产生的利益与私人产品不同，因为公共产品具有较强的外部性。公共产品一般具有三种基本特征：①非排他性；②非拥挤性；③不可分性。政府在信息化过程中的作用包括颁布相应的政策、法规，支持编制相关技术标准，引导行业应用信息化技术，尤其是BIM技术，并利用信息化技术提升行业精细化管理水平[103]。政策、法规和相关技术标准属于典型的公共物品。

BIM技术要在中国取得成功，离不开BIM标准的建立，通过分析和借鉴国外相关成熟标准，制定符合我国国情的BIM标准，可以推动我国土木建筑工程领域BIM技术的发展步伐，提高建筑行业的信息化水平，帮助建筑企业实现精细化管理，降低工程成本，提高工程质量[104]。

信息技术改变组织的特点以至于从总体上改变一个组织是通过实现信息效率和

信息协同的能力来实现的[105]。BIM是建立在开放标准和互用性的基础之上的，应用BIM的目标之一是确保不同用户信息的互联互通，实现共享，也就是实现互用，在此基础上协同工作。希望所有与设施有关的信息只需要一次输入，然后通过信息的流动可以应用到设施全生命周期的各个阶段。信息的多次重复输入不但耗费大量的人力物力成本，而且增加了出错的机会。

在数字化环境下，参与项目的不同阶段、不同专业、不同参与方的工作人员都在各自的软件和系统中工作，各方都需要提取或插入有关信息，共享信息是协同工作的基础。这就需要这些软件和系统之间能够相互读取和交流有关信息。目前IFC（Industry Foundation Classes）标准的数据格式已经成为全球不同品牌、不同专业的建设工程软件之间数据交换的标准数据格式。实现互用的最有效途径就是使用IFC标准的软件。使用支持IFC标准的软件保证了信息在不同的用户之间顺利地流动。

在NBIMS（National Building Information Model Standard）提出的BIM能力成熟度模型中，“互用/IFC支持”的权重系数最高。这反映了NBIMS认为第一位重要的就是信息的共享与互用。

目前，IFC标准已经成为主导建筑产品信息表达与交换的国际技术标准，随着BIM技术的发展，IFC已经成为BIM应用中不可或缺的主要技术。

5.2.3 工程领域信息化的政府失灵

（1）信息化建设透明政府会遇到巨大的阻力

政府失灵是指政府的经济活动或干预措施缺乏效率；或者说政府做出了降低经济效率的决策或不能实施改善经济效率的政策。一般认为政府失灵的概念首先由萨缪尔森提出，其对应的英文词语是“Government Failure”。保罗·萨缪尔森认为“当政府政策或集体运行所采取的手段不能改善经济效率或道德上可接受的收入分配时，政府失灵便产生了”[106]。

高立群的研究表明，根据资料显示仅2014年1年，工程建设领域的腐败案件高达15452件[107]。而其中以工程建设领域职务犯罪和商业贿赂的腐败案件居多，以2013年为例，当年全国检察机关查处的职务犯罪案件中，60%以上属于工程建设领域，犯罪金额所占比例高达70%，发案件数占到商业贿赂发案总数的40%以上。公开数据统计显示，截至2014年7月下旬，中央巡视组在34个地区、单位的第三轮巡视中，被组织调查落马省部级官员就有19人，其中，不少高官的落马，都与重点工程建设密不可分。在中共中央纪律检查委员会前三轮巡视中，巡视的21个省份中有20个省份，被发现了涉及工程建设方面的腐败，所占案件比高达95%。建设领域的犯罪具有涉案环节相对集中、涉案人员多元化、贪腐手段多样化、涉案金额趋高等特点。

政府和其他组织相比，最大的特点是政府本身是垄断的，而且垄断了强制力。寻租与政府的规制和垄断有着紧密的关联性[108，109]。

张瑾认为城市规划领域内寻租空间宽阔，其原因包括：①行政权力集中，犯罪难度低；②权力运行不透明，犯罪风险小；③权责（行政责任）不一致，犯罪代价少[110]。

王晓宇研究了城市建设工程招投标过程中的寻租行为，得出了工程招投标过程中寻租的八大原因[111]。包括：①招投标相关法律法规体系不完善；②缺乏健全的诚信评价体系，失信现象严重；③监督管理机制存在缺陷，查处难度大；④建筑市场环境中腐败现象盛行；⑤惩戒机制不健全，对寻租的惩罚力度不够；⑥各市场主体受经济利益的驱使；⑦投标人之间竞争压力大；⑧寻租成本低、风险小，有较强的隐蔽性。

张孜仪认为房地产领域腐败具有案发频率高、波及范围广、持续时间长、过程复杂、涉案金额偏高、社会危害性大等典型特征。易得逞的腐败行为会产生“示范效应”和“集聚效应”[112]。并且认为工程建设领域内部权力配置集中，外部监管乏力抑或缺失，导致房地产开发管理权力监管体制机制的失灵。

如前文所述，新兴信息技术利用要建设的政府是互联的、透明的服务型政府，这必然带来工程建设领域的透明和阳光，寻租和俘获的机会将会降低，这可能遇到公务员的抵制。

（2）信息化建设对政府的影响

王松梅[113]、冀峰[114]、刘军华[115]、刘丽霞[116]等认为，信息化的本质属性不是工具性的，而是基础性的。这一本质属性决定了信息化不是信息的数字化，而是管理的现代化。信息化建设要求以新的思路和方式开展工作，从根本上创新管理模式。

工程建设领域信息化带来的对政府工作部门的影响和挑战主要包括如下几个方面。

首先，信息化给传统行政环境带来了挑战。在信息化尤其是BIM环境下，政府部门面临的技术、经济和社会等环境会发生很大的变化，智能化或者智慧化极大地增强了经济工作的便利和透明化以及信息的共享和自由流动，带来了工程建设领域工作环境的变化，这些业态的变化会给传统的寻租和俘虏的路径带来极大的改变，利益格局的改变必然导致政府公务人员对信息化的抵制。

其次，信息化给政府工作人员带来调整。在以BIM为主流的信息技术的带动下，政府的工作越来越需要在网络环境下进行，对政府部门工作人员的技术和信息处理能力要求越来越高，而政府部门缺乏既熟悉传统工作政务又能理解新兴信息技术的复合型人才。新模式下政府部门工作人员能够花费多少时间和多大的精力来学习软件的使用，能够容忍多长时间软件不发挥效益，能够投入多少投资等，有的可能清楚，有的可能并不清楚。电子政务中的公务员对软件的使用意愿和上级领导之间存在信息不对称。具体的使用者可能隐瞒自己不愿意使用新软件、不愿意改变工作习惯和方式的信息，而将这些归因到软件的不好使用等。

再次，信息化给政府工作流程和组织结构带来了影响和挑战。传统的政务工作流程不一定符合新兴信息技术发展的需要，新兴信息技术的应用会带来流程的改造。如3.2和3.3所述，BIM的应用要求跨越不同的项目阶段、不同的专业和不同的参与方，这必然给传统的以职能分工为特征的政府部门管理和规制带来挑战，新形势下，需要跨越政府职能部门的界限，在政府部门内部协调。

最后，政府管理模式要进行动态性调整。政府部门的职能客观上需要在一定时间范围内固化和稳定，但是新兴的信息技术发展速度很快，这客观上带来了对组织架构作出调整的要求，所以政府管理模式不再是静态的了，需要随经济发展和技术利用作出相应的调整，而且这种调整是无止境的、动态的。

由于上述原因，工程建设领域信息化过程中可能导致政府失灵。

由于政府失灵的存在，所以政府在发挥作用的时候可能偏离其初衷。政府也是需要规制的组织，也就是政府自我规制。

5.3 数字政府建设的绩效评价

5.3.1 数字政府建设的激励分析

(1)激励的必要性

一般而言，在行政体系中，代理人常见的作为是不作为[117]。在公共规制过程中，规制者占有规制知识的多寡，是公共规制能否实现既定目标的关键。规制者、规制知识、规制行动之间存在着密切的关联：规制者应当拥有相应的“知识能力”，规制行为的发生以规制者占有足够的规制知识为前提。公共规制在实践中遭遇的失败，大都与规制知识的失灵有关[118]。

政府干预经济的结果不是十全十美的，它的副作用主要是产生浪费和无效率。从某种意义上讲，政府是一种自然垄断性组织。根据莱本斯坦的研究，垄断条件下的任何组织都有可能丧失追求成本最小化的能力从而导致“X非效率”的产生。

信息不完善和信息不对称在政府组织中也同样存在。政府公务员所做的各种努力是为了增加社会福利，但是其作为社会公众的一员，其能够享受到的利益则很小，存在严重的外部性。由此可见，导致市场失灵的原因也可能导致政府失灵。

任何经济体系都面临着两难困境，既需要政治机构来规定和实施产权及合同，也需要政治制度来防止政治机构本身对市场造成损害；公共管理者与私营部门的管理者具有同样的理性逻辑，即寻求自身利益的最大化。在这种情况下，如果没有适当的约束，官僚便很容易产生寻租行为，因此必须设计一种既能约束政府又能保护市场的治理结构，即政府部门在实施对市场进行规制的同时，其自身也需要规制。

（2）政府激励的方法

行政系统内规制行政规定是指行政系统内对行政规定从生到死全程控制和监督的活动。行政系统内自我规制至少已经具备自我规范、自我纠错、制度更新、强化规范权威性等四方面的功能[119]。

政府既可以用行政命令也可以用市场激励的办法来努力控制整个经济活动。历史上，规制的主要形式是直接干预，即政府发出指挥与控制命令。通过这样的规制，政府命令人民从事或放弃某些经济行为。近年来，经济学家正致力于倡导政府试行一种全新的规制——市场激励。而在政府自我规制中则采取绩效激励的方法，即制定政府成员的绩效标准，基于政府成员的绩效采取有关的奖惩措施。

随着社会主义市场经济体制的完善和服务型政府建设的推进，很多地方政府和部门在管理中引入了政府绩效评价，并把它作为管理创新的突破口，积极探索实践，产生了广泛的社会影响，引起了中央政府的重视。2007年党的十七大报告指出，“要提高政府效能，完善政府绩效管理体系；建立以公共服务为取向的政府业绩评价体系，建立政府绩效评估机制”。2008年通过的《关于深化行政管理体制改革的意见》中指出，“要推行政府绩效管理和行政问责制度，建立科学合理的政府绩效评价指标体系和评价机制”。2012年十八大报告中又指出，“要创新行政管理方式，提高政府公信力和执行力，推进政府绩效管理”。政府绩效评价的价值载体是承载政府绩效评价的价值理念的具体行政行为、行政活动等，政府绩效评价已经成为服务型政府建设的重要“抓手”和形成与科学发展观相适应的政绩观的重要促进力量[120]。

（3）绩效评价的持续改进

政府绩效评估就是“根据绩效目标，运用评估指标对政府部门履行行政职能所产生的结果及其影响进行评估、划分绩效等级、提出绩效改进计划和运用评估结果来改进绩效的活动过程”[121]。在我国具体的政府管理实践中，绩效评估是政府工作的“指挥棒”，指引着政府工作的方向，各级地方政府均是按照上级政府制定的绩效评估指标来安排本地的工作重点和发展重心。上级政府的绩效导向决定着下一级政府的具体工作方向，是下级政府开展工作时必须遵循的行为准则。

有评价就有压力，压力带来不同的表现，从而带来不同的绩效，不同的绩效表现是政府官员奖惩和提拔的重要依据。绩效评价带来了公开、公平和公正的竞争，有竞争就有了动力。

同时，绩效也给公务员的行政行为带来了约束，约束包括来自责任主体的自我约束以及来自外部的监督控制的效力。公务员的精力和时间有限，在绩效评价框架下，要有所作为，有所不为，方能有好的绩效表现。

绩效评价结果反馈是对公务员能力和行政结果的评价，并及时作出相应的处置决定。保障信息反馈的及时和准确性形成有效的信息反馈机制，从而带来绩效的持续改善。

5.3.2 数字政府建设绩效评价的原则

从上可以看到，工程建设领域信息化发展的潮流是互通与协同。具体到工程建设领域数字政府建设方面的激励和绩效评价来看，应该向以下方向转变：

一是从注重短期到目光长远。工程建设领域信息化发展和数字政府的建设不能一蹴而就，既不能着急，也不能等待，既要有长远规划，也要有抓手。公务员和地方官的评估取向需要重新调整，保证他们追求的是长期可持续发展。

二是从经济发展取向到以人为本。政府推动经济发展的目的固然是为了公务员的政绩，但是最终目的归根到底还是为了提高公共服务。我国经济发展取得了巨大成就，但是在发展过程中，有些城市政府注重商业发展，但牺牲公共产品的供给。

如果向服务导向型政府转型，必须使干部评价标准摆脱过度依赖经济增长，转变为以公众为中心。

三是从竞争向协调合作转变。干部评价一直是赢家输家按序排列。虽然干部因此在促增长上干劲十足，但也容易产生以邻为壑的心态，导致没有协调的重复投资。BIM改变了工程建设领域的信息互通和协同，在政府部门规制方面，也需要协调发展。

四是以用户为导向。建设服务型政府是全球政府发展的大趋势。用户既包括接受数字政府服务的人员，也包括以数字政府进行工作的人员。用户的接纳程度及其使用好坏决定了数字政府工程建设的成败。在我国数字政府建设的过程中，公众需求传达机制的缺失使数字政府的建设失去了指引。

工程建设领域数字政府建设的原则须遵循以下六个方面原则：

（1）全局性和系统性原则

工程建设领域数字政府工程统一规划是对工程建设领域数字政府工程建设工作做出的总体发展规划。因此，在制定工程建设领域数字政府工程规划的过程中，必须站在全局的高度，运用系统论的方法和观点，通过整体运筹和合理调配各种资源，实现数字政府工程建设的目标。

（2）长远性和超前性原则

由于IT技术的快速发展，硬件资源的生命周期越来越短。规划是对未来较长时期内的工作做出的筹划和安排。因此，在工程建设领域数字政府工程统一规划的制定过程中，不仅要结合城市各部门数字化建设的特点，考虑工程建设领域数字政府建设的现状，还要充分考虑未来城市信息化的需求和发展趋势，优先考虑数字城市中有利于城市可持续发展的技术和产业，推进城市可持续发展并带动区域发展。只有这样，才能做出审时度势和富有远见的决策，保证工程建设领域数字政府工程建设的顺利进行。

（3）权变性原则

我国工程建设领域数字政府工程发展水平比较低，需要借鉴国外的先进经验和失败教训。但是，工程建设领域数字政府工程建设规划是一个复杂的动态决策问题，任何先进的理论和成功的经验，都是在特定的时期、条件和环境下产生的，国外和其他地区的先进经验可以作为决策时的参考，而坚决不能机械地照抄、照搬。在制定工程建设领域数字政府工程建设规划时，必须紧密结合城市自身的实际情况和需求，权变地吸收和借鉴国内外的先进经验。

（4）经济性原则

工程建设领域数字政府工程建设的最终目标是为社会服务，促进城市经济、政治等各个领域的和谐、有序、快速发展。为此，在工程建设领域数字政府工程建设过程中，要遵循经济性原则，即数字政府工程的经济效益是工程建设领域数字政府工程建设持之以恒的基础和不灭的动力源泉。工程建设领域数字政府工程应推进、支撑城市经济发展，应该为城市经济发展注入新的生机，而不能为政府数字化而数字化，不能搞花架子和形象工程；工程建设领域数字政府工程建设应符合城市经济规划，按照城市总体发展需要，各部门、各单位密切配合，集中有限资源，进行合作建设；工程建设领域数字政府工程实施应做到与城市建设俱进，因地制宜，实事求是，加快城市经济结构调整和产业升级，带动城市经济的全面发展和社会进步。当然，遵循经济性原则，绝不是说工程建设领域数字政府工程建设投入资金越少越好，而是要在充分考虑经济效益的情况下，量力而行，提高投资收益率。

（5）应用性原则

麦特卡尔夫定律、马太效应定律和收益递增定律都说明，应用是工程建设领域数字政府工程效益的根本保证，只有一流的应用能力与一流的设施对应的时候，一流的设施才有意义。因此，提高信息和信息设备的应用水平是工程建设领域数字政府工程建设过程中非常重要的环节，只有在应用信息和信息设备的能力大大提高以后，再追求一流的设施，才能使数字化建设带动城市经济和社会的发展。在具体实施过程中，一方面，因为只有基于有效需求的供给才能获得应有的回报，针对需求的投入才是有效的投入。为此，工程建设领域数字政府建设要从经济和社会发展对信息化的内在需求出发，以需求促进应用开发；以应用项目作为重点，促进工程建设领域数字政府建设。另一方面，要加强对信息标准的研究，因为共享程度越高的东西越有价值。HTML、XML或Internet Explorer，如果只有一个用户使用，那它们的价值就是零；只有更多人的认可和使用，一项技术的价值才能得到最大程度的体现，而造成更多人认可使用的最好的方法就是符合标准。

（6）适用性原则

摩尔定律和吉尔德定律都揭示了信息设备和信息网络功能不断提高价格逐渐下降的规律。因此，在应用信息产品能力不强的情况下，追求一流的设施，是一种浪费，因为今天的一流很快会变成明天的二流和后天的三流，变成落后的设备。因此，在工程建设领域数字政府工程建设过程中，要遵循适用性原则，在一般的地方使用配置较低的设备，而在关键的地方配置一流的设备，但是，在遵循适用性原则的同时，也必须注意设备配置的匹配性，确保不同地方配置的设备能够实现较为理想的匹配。

5.3.3 服务于工程监管的数字政府建设绩效评价指标体系

与前述中关于数字政府相关利益主体的互动区域有着直接的对应关系。通过共享数据库、城市公共信息平台、城域网等的建设，可以加强信息的传递、共享、沟通和交流，从而达到：①在G2G领域，有助于提高政府与政府部门、政府部门之间信息的使用效率和效果，政府部门能够更加充分地领会政府所传达的指示、政府能够更加及时地接受政府部门的意见反馈、政府部门之间能够更好地协调利害关系，从而提高政府及政府部门决策的效率，使得政府工作能够达到降低人力资本、减少办公费用、规范办公流程、减少差错、内部协作、减少寻租与腐败、信息共享、科学决策等一系列目的，提高政府内部工作绩效，同时能够降低公务员的劳动强度、促进公务员学习先进办公技术、了解和把握国内外形势。②在G2B、G2C领域，政府及政府部门能够及时听取企事业单位和居民的各种诉求，使得公众能够达到缩短办事周期、参与政府决策、监督政府服务态度等一系列目的，推动效率政府、透明政府、民主政府、服务政府建设工作的开展，提高政府外部工作绩效。③在B2G、C2G领域，由于改变了过去“face to face”的沟通方式，企事业单位和居民对政府及其工作能够毫无保留地发表意见，公众通过网络互联最大化地发挥舆论监督力量，并能够实现中央政府对地方政府某政府办公人员各种信息的直接掌握，减少了中间的信息传递环节，能够加强中央政府对地方政府、地方政府对各个政府部门、各个政府部门之间及政府部门对下属工作人员的监督监管水平，从而提高公众对政府、公务员工作的满意度，提升政府形象，提高政府的软实力。

为了实现上述目标，结合4.3中有关智慧政府的论述，为了确保数字政府随着技术的发展不断发展，必须建立一套完整的数字政府项目绩效评价体系。

（1）政府绩效评价指标体系

数字政府绩效评价至少应该包括政府内部工作绩效指标、政府外部工作绩效指标、公务员获益指标、政府软实力绩效指标等几个方面。因此，本书建立了一个包含8个一级指标、28个二级指标在内的工程建设领域数字政府项目绩效评价指标体系。如表5-1所示。

数字政府建设项目绩效评价指标体系　表5-1

	一级指标	二级指标
数字政府建设项目绩效（A）	效率政府绩效指标（B_1）	人力成本C_1
		办公费用减少C_2
		办事周期C_3
	规范政府绩效指标（B_2）	流程规范C_4
		减少差错C_5
		内部协作C_6
		流程监控C_7
		减少寻租与腐败C_8
		网上采购C_9
	智能政府绩效指标（B_3）	信息管理C_{10}
		信息处理C_{11}
		科学决策C_{12}
	透明政府绩效指标（B_4）	信息共享C_{13}
		政务公开C_{14}
	民主政府绩效指标（B_5）	决策民主度C_{15}
		民主监督机制C_{16}
	服务政府绩效指标（B_6）	政府改革C_{17}
		服务拓展C_{18}
		服务改善C_{19}
		跑部门减少C_{20}
		收费变化C_{21}
		公众满意C_{22}
	公务员获益（B_7）	劳动强度C_{23}
		终身学习C_{24}
		工作满意度C_{25}
	社会综合影响（B_8）	地区竞争力C_{26}
		政府形象C_{27}
		环境保护C_{28}

数字政府建设项目是一个庞大的系统工程，选择能够精确量化的指标不具有可操作性，本书建立的8个一级指标代表了人们对数字政府工程建设最为关心的八个维度，而28个二级指标则是对八个维度的概括性细分。

（2）层次分析法在绩效指标权重赋值中的具体应用

1）递阶层次结构的绩效评价指标模型的构建。根据层次分析法的原理和工程项目的特点，为便于层次分析，将工程项目管理绩效评价指标体系构建成递阶层次结构的绩效评价模型，如图5-4所示。

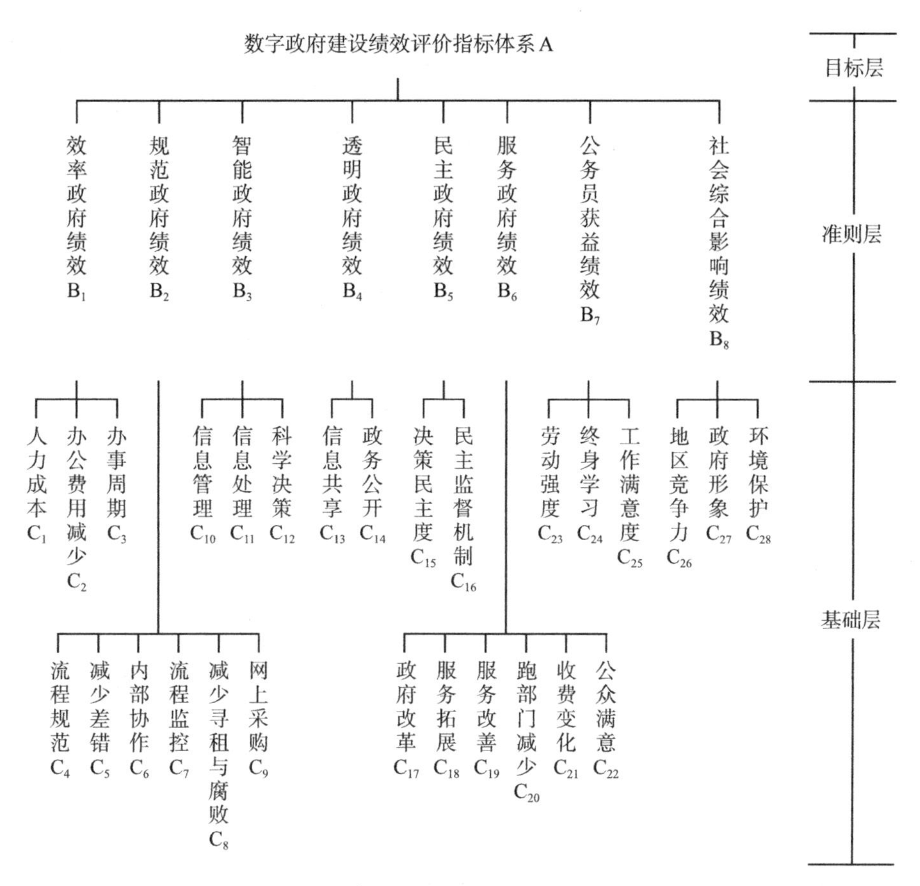

图5-4　递阶层次结构绩效评价指标模型

2）构建相关判断矩阵。目标层A对于准则层B判断矩阵的表示形式参见表5-2。

建筑法规审查模式演进表　　表5-2

A	B_1	B_2	…	B_8
B_1	b_{11}	b_{12}	…	b_{18}
B_2	b_{21}	b_{22}	…	b_{28}
⋮	⋮	⋮	⋮	⋮
B_8	b_{81}	b_{82}	…	b_{88}

准则层B对基础层C的判断矩阵的表现形式与之相类似。目标层A对于准则层B的判断矩阵、准则层B对基础层C的判断矩阵中各个元素的取值，是参与评价的专家通过两个同级指标对上层元素的相对重要性，其判断尺度上常用9级标度法比较元素间的重要程度，对应关系如表5-3所示。

1～9标度含义表 **表5-3**

标度值	含义
1	表示两个要素相比，具有相同重要性
3	表示两个要素相比，前者比后者稍重要
5	表示两个要素相比，前者比后者明显重要
7	表示两个要素相比，前者比后者强烈重要
9	表示两个要素相比，前者比后者极端重要
2，4，6，8	取上述比较相邻的两个程度之间的中值
上述非零倒数	因素i与因素j的重要性之比为a_{ij}

3）层次分析法评价模型（AHP模型）。采用AHP模型分析则可以依据项目情况对各指标的权重进行适当调整，更切实际。其主要步骤为：①求解综合判断矩阵各要素的取值；②权重的计算；③容错性判断和误差分析；④组合权重计算。

（3）绩效评价标准体系的建立

为了操作的方便，本书在评价标准体系的构建中，二级评价指标标准分值均设定为满分5分且视情况分配权重。最终，可采用除以该维度满分值的方法进行标准化，折算为百分制。本书的绩效评价标准体系如表5-4所示。

绩效评价标准体系 **表5-4**

评价层面	一级指标	二级指标	满分值
工程建设领域数字政府工程建设项目绩效（满分140）	效率政府绩效指标（满分15）	人力成本C_1	5
		办公费用减少C_2	5
		办事周期C_3	5
	规范政府绩效指标（满分30）	流程规范C_4	5
		减少差错C_5	5
		内部协作C_6	5
		流程监控C_7	5
		减少寻租与腐败C_8	5
		网上采购C_9	5

续表

评价层面	一级指标	二级指标	满分值
工程建设领域数字政府工程建设项目绩效（满分140）	智能政府绩效指标（满分15）	信息管理C_{10}	5
		信息处理C_{11}	5
		科学决策C_{12}	5
	透明政府绩效指标（满分10）	信息共享C_{13}	5
		政务公开C_{14}	5
	民主政府绩效指标（满分10）	决策民主度C_{15}	5
		民主监督机制C_{16}	5
	服务政府绩效指标（满分30）	政府改革C_{17}	5
		服务拓展C_{18}	5
		服务改善C_{19}	5
		跑部门减少C_{20}	5
		收费变化C_{21}	5
		公众满意C_{22}	5
	公务员获益（满分15）	劳动强度C_{23}	5
		终身学习C_{24}	5
		工作满意度C_{25}	5
	社会综合影响（满分15）	地区竞争力C_{26}	5
		政府形象C_{27}	5
		环境保护C_{28}	5

（4）评价方法

本书采取的是AHP效益综合评价法，即：通过层次分析法确定一级指标、二级指标的指标权重，然后，根据绩效评价标准体系中的标准，求解工程建设领域数字政府工程建设项目绩效得分值，然后除以140，换算成满分值，用来评估工程建设领域数字政府工程建设项目绩效水平，亦即工程项目建设和工程建设领域数字政府规划一致性的水平。

5.4 本章小结

服务于工程项目监管的数字政府属于整个数字政府的一部分，要考虑整个城市的发展问题，也要考虑行业信息化的进展和社会信息能力的发展。工程项目信息化中标准规范和法律法规成为重要的因素，在工程项目信息化中面临外部性和公共物品缺失的问题，需要政府发挥作用。

透明政府和服务政府的建设改变了工程领域的业态，减少了寻租和俘获等引起的腐败问题，也对公务员提出了新的要求。但是，政府组织的垄断性非常明显，公务员需要激励和约束，数字政府建设能否持续落实到公务员身上。绩效评价是数字政府工程建设的指挥棒，发挥激励、约束、反馈和持续改善等方面的作用。

结合前文的论述，论文提出了工程建设领域数字政府工程建设需要遵循全局性和系统性、长远性和超前性、适用性的六个方面原则。在对工程建设领域数字政府工程建设特点进行充分研究的基础上，建立了包含效率政府、民主政府等8个一级指标，包含办事周期、政务公开、工作满意度、政府形象等28个二级指标的工程建设领域数字政府管理绩效评价指标体系，并选取了AHP效益综合评价法，建立了绩效评价标准。

第6章

NJ市服务于工程项目监管的数字政府建设绩效评价

6.1 实证研究概述

6.1.1 样本城市的选取

（1）选取的原则

2010年，我国全部地级及以上城市达287座。由于受到城市人口、面积和经济发展水平等因素的影响，不同城市的数字政府工程建设情况各不相同。因此，数字政府工程建设样本城市的选择是否合理，对于研究工程建设领域数字政府工程建设过程中的关键影响因素，并分析这些关键因素如何影响工程建设领域数字政府工程建设，进而提出有助于推动工程建设领域数字政府工程建设发展的合理化建议至关重要。为了能够合理地选择样本城市，本书采取了平均先进的原则：所谓平均是指，从短期来看，样本城市的数字政府水平处于大多数城市可以达到的中游位置；所谓先进是指，从长期来看，样本城市的数字政府建设符合信息化建设的发展趋势，其建成后可以产生较强的示范效应。在我国，北京、上海和广州等城市属于超大城市，人口至少在800万人以上、地区生产总值至少在1万亿元以上，其工程建设领域数字政府工程建设模式和经验难以复制和推广，因此，样本城市不宜选取北京、上海等超大城市。但是，经济和社会发展水平太低的城市，其数字政府工程建设所需的其他条件又难以满足，因此，也不宜作为样本城市。综合考虑，本书认为人口在500万人到800万人之间、地区生产总值在5000亿元到1万亿元之间的城市，即：处于我国地级及以上城市序列的中上游水平的城市，其数字政府工程建设情况具有一定的普适性和先进性，符合平均先进原则，可以选取为样本城市实施实证分析。

（2）NJ市概况

NJ市属亚热带季风气候，市域面积6597km^2，管辖13个区县，其中：11个市辖区、2个县。NJ市地理位置重要，地处铁路运输和航运物流中心。

2010年末，NJ市总人口为632.42万人，常住人口800.47万人。同2000年第五次全国人口普查结果相比，每10万人中具有大学文化程度的由12351人上升为26119人；具有高中文化程度的由20143人上升为20823人；具有初中文化程度的由30828人下降为29640人；具有小学文化程度的由24258人下降为16015人。全市常住人口中，文盲人口（15岁及以上不识字的人）为21.12万人，同2000年第五次全国人口普查结果相比，文盲人口减少15.44万人，文盲率由5.86%下降为2.64%，下降了3.22个百分点。如图6-1所示。

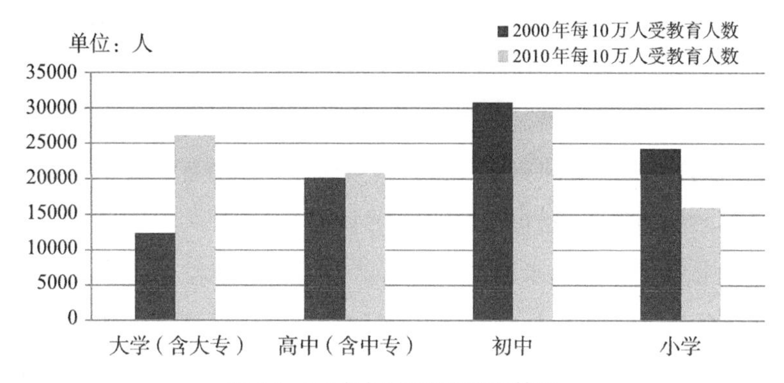

图6-1　NJ市人口受教育程度情况

2010年，全年全市生产总值达到5012.64亿元，完成财政总收入1075.3亿元。2010年，NJ市人均家庭总收入为31314元；人均可支配收入为28312元，占人均家庭总收入的90.4%；人均工薪收入为19216元，占总收入的61.4%。2010年，NJ市人均消费支出为18156元，人们消费支出主要集中在食品、教育文化娱乐服务、居住、交通和通讯、衣着、医疗保健等方面。如图6-2所示。

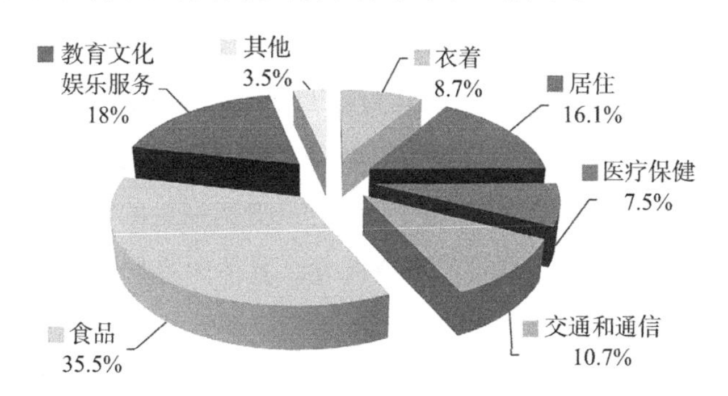

图6-2　NJ市人均消费支出比例

NJ市辖区面积广阔、人口众多，决定了NJ市政府事务类型和数量繁杂，政府规模庞大且各部门之间条块分割现象严重，各个政府部门之间的横向联系较差、信息难以及时和充分共享，严重阻碍了NJ市数字政府工程的建设和发展。正是出于以上考虑，本书选取NJ市作为工程建设领域数字政府工程建设实证分析的样本城市。

6.1.2 调查问卷的设计

（1）问卷设计的过程

借鉴前人的研究经验和建议，本研究的问卷设计主要包括四个步骤，具体为：

1）阅读大量文献，梳理出工程建设领域数字政府工程建设情况问卷调查的框架，确定初步的测量题项。在广泛收集和梳理已有相关文献的基础上，结合4.1.1工程建设领域数字政府工程系统中的相关内容，本书从信息技术、信息网络、信息人才培养、信息产业化、技术标准规范、政策法规六个方面，设计了相关题项，形成了NJ市数字政府建设阻碍因素调查的初步问卷。

2）头脑风暴法，征求学术团队的意见。经过集思广益，大家普遍认为需要从整体上了解社会各个阶层人士对NJ市数字政府工程建设的意见和态度。因此，结合5.3工程建设领域数字政府项目群管理绩效评价中的相关内容，针对人们对工程建设领域数字政府建设最为关心的八个维度，本书设计了NJ市数字政府满意度调查的初步问卷。

3）德尔菲法，征求专家意见。通过背靠背的方式，一方面可以避免权威人物的意见对其他专家造成不良的影响；另一方面，专家们能够畅所欲言、充分发表个人看法而不用有所顾忌。通过该种方式，充分听取各位专家对NJ市数字政府建设情况调查问卷的预测意见，对调查问卷进行一次修改。

4）预调研，修改并形成最终问卷。为了更科学、客观地反映NJ市数字政府工程建设的真实情况，更全面、准确地倾听被调研对象对NJ市数字政府工程建设的真实感受，本研究在正式实施大范围调研之前，先进行预调研。根据调查结果，将对相关内容进行聚类分析、合并同类项，然后，把调查对象无法准确作答或者容易引起混淆的部分进行剔除，形成最终调查问卷。具体内容如附录A所示。

（2）减少偏差的措施

调查问卷产生偏差，其原因包括四个方面：①问卷调查对象不准确；②问卷内容设计不合理；③问卷问题词不达意；④答题者答非所问。

为了尽可能地将问卷偏差降到最低，本书采取了一系列的措施，具体包括：①明确答题对象，要有针对性。由3.3.1工程建设领域数字政府的概念及内容可知，城市数字建设涉及的主要行为主体包括三个，即：政府、企（事）业单位和居民。相应的，对于NJ市数字政府建设情况的调查问卷，主要由政府公职人员、企（事）业单位工作人员、城市居民等进行填写。②反复修改，通过德尔菲法和多次预调研相结合的方法，确保问卷内容设计的科学性和合理性。③合理措辞，推敲文字，避免出现歧义句或引导性问题等。④在问卷中注明“本次调研的相关数据将仅用于课题研究，本次调研将完全遵守客观的原则进行，不受任何其他因素影响，将对您所填具体内容严格保密”，打消答题者的疑虑，提高其答题意愿。

6.1.3 数据来源及分析方法

（1）数据来源

本次调查共发放问卷450份，回收问卷435份，其中有效问卷408份，有效率为93.8%。

（2）分析方法

为提高问卷调查的有效性，对问卷的预调研结果进行信效度检验。信度检验主要采用克隆巴赫α系数的相关分析，效度检验主要采用因素分析法进行主成分分析。

1）信度分析。信度检验主要考察调查问题是否具有一致性与稳定性，研究问题之间是否存在某种依存关系，并对有依存关系的现象探讨其相关方向以及相关程度。在信度调查过程中，将项总计统计量中的项已删除的克隆巴赫α系数值与标准化的克隆巴赫α系数值进行比较。利用校正的项总计相关性，考察各个子问题之间相关性与一致性。对于问题相关方向不一致、相关程度不大的子问题，即项已删除的克隆巴赫α系数值大于标准化的克隆巴赫α系数值的问题，表明其相关度较低，一致性较差，进行剔除；反之，予以保留。

2）效度分析。对结构效度检验采用因素分析法，对一群问题共同特性进行其背后构念的抽离。对于是否适合进行因素分析，采用相关系数的适切性判断，对问卷问题进行KMO（Kaiser-Meyer-Olkin）度量值和Bartlett球形的检验。

3）主成分分析。在符合因子分析的前提下，对测量变量进行共异性萃取时，采用主成分分析法。其过程为：提取最大公因子方差考察最大印象因素，选用最大方差法旋转因子获得相应的模式矩阵，并对模式矩阵中自成一个因子、两个或两个以上因子的载荷大于0.5的测量题目予以删除。

6.2 NJ市数字政府建设满意度调查及阻碍因素分析

6.2.1 NJ市数字政府建设满意度调查

（1）确立NJ市数字政府工程项目绩效评价指标权重

根据5.3.3的内容可知，工程建设领域数字政府项目绩效评价体系包括8个一级指标、28个二级指标，其中：8个一级指标代表了人们对工程建设领域数字政府工程建设最为关心的八个维度、28个二级指标是对八个维度的概括性细分。根据多位专家的意见，本书采取均值法平均分配工程建设领域数字政府工程项目绩效评价指标权重，各一级指标和二级指标的权重如表6-1所示。

工程建设领域数字政府工程建设项目绩效评价二级指标权重分布表　　表6-1

序号	一级指标	一级指标权重	二级指标	二级指标权重
1	效率政府绩效指标（B_1）	0.125	人力成本C_1	0.333
2			办公费用减少C_2	0.333
3			办事周期C_3	0.334
4	规范政府绩效指标（B_2）	0.125	流程规范C_4	0.166
5			减少差错C_5	0.166
6			内部协作C_6	0.167
7			流程监控C_7	0.167
8			减少寻租与腐败C_8	0.167
9			网上采购C_9	0.167
10	智能政府绩效指标（B_3）	0.125	信息管理C_{10}	0.333
11			信息处理C_{11}	0.333
12			科学决策C_{12}	0.334
13	透明政府绩效指标（B_4）	0.125	信息共享C_{13}	0.5
14			政务公开C_{14}	0.5
15	民主政府绩效指标（B_5）	0.125	决策民主度C_{15}	0.5
16			民主监督机制C_{16}	0.5
17	服务政府绩效指标（B_6）	0.125	政府改革C_{17}	0.166
18			服务拓展C_{18}	0.166

续表

序号	一级指标	一级指标权重	二级指标	二级指标权重
19	服务政府绩效指标（B_6）	0.125	服务改善C_{19}	0.167
20			跑部门减少C_{20}	0.167
21			收费变化C_{21}	0.167
22			公众满意C_{22}	0.167
23	公务员获益（B_7）	0.125	劳动强度C_{23}	0.333
24			终身学习C_{24}	0.333
25			工作满意度C_{25}	0.334
26	社会综合影响（B_8）	0.125	地区竞争力C_{26}	0.333
27			政府形象C_{27}	0.333
28			环境保护C_{28}	0.334

（2）NJ市数字政府建设满意度得分的判定规则

NJ市数字政府满意度评分采用百分制，并划分成L_1=[0，40）、L_2=[40，55）、L_3=[55，70）、L_4=[70，85）、L_5=[85，100]等五个等级区间，设NJ市数字政府建设满意度得分为D，那么：①当$D \in L_1$时，则数字政府建设满意度判定为极差；②当$D \in L_2$时，则数字政府建设满意度判定为较差；③当$D \in L_3$时，则数字政府建设满意度判定为一般；④当$D \in L_4$时，则数字政府建设满意度判定为良好；⑤当$D \in L_5$时，则数字政府建设满意度判定为优秀。如表6-2所示。

NJ市数字政府满意度得分判定规则表　表6-2

分数分布	评价等级	是否构成阻碍
[85，100]	优秀	否
[70，85）	良好	否
[55，70）	一般	是
[40，55）	较差	是
[0，40）	极差	是

（3）NJ市数字政府建设调查问卷有效性分析

为了确保调查问卷能够获得可靠的、正确的测量结论，运用SPSS软件对NJ市数字政府满意度调查问卷进行信度及效度检验，经过计算：①克隆巴赫α系数值为0.952，α值大于0.8，说明此次调查结果的内部一致性极好，调查结果可靠性、一致性和稳定性都比较理想（表6-3）。②修正各个题目变异量不相等后，求解得到标准化的克隆巴赫α系数值为0.953，比克隆巴赫α系数值要大，说明该问卷不存在个别变异度偏差过大现象（如表6-3所示）。③计算28个二级指标的项总计统计量，求解得到各个指标项已删除的克隆巴赫α系数值，将其与整个调查问卷的标准化的克隆巴赫α系数值进行比较，各项总计统计量项已删除的信度系数均未超过0.953，表示无任何一项子问题严重破坏该结果的信度，说明本次调查结果信度极好（表6-4）。④KMO（Kaiser-Meyer-Olkin）值为0.907，KMO值大于0.9，说明问卷具有良好的结构效度，调查测量的结果能显现其测量内容的真正特征（表6-5）。总之，本次调查结果信度效度比较理想，可用于统计分析。

NJ市数字政府满意度调查可靠性统计量 **表6-3**

Cronbach's Alpha	基于标准化项的 Cronbach's Alpha	项数
0.952	0.953	28

NJ市数字政府满意度调查项总计统计量 **表6-4**

指标	项已删除的刻度均值	项已删除的刻度方差值	校正的项总计相关性	多相关性的平方	项已删除的 Cronbach's Alpha 值
人力成本	92.57	302.160	0.612	0.777	0.951
办公费用减少	92.72	295.334	0.663	0.795	0.950
办事周期	92.52	301.162	0.633	0.606	0.951
流程规范	92.53	309.004	0.517	0.530	0.952
减少差错	92.32	304.704	0.688	0.695	0.950
内部协作	92.75	308.502	0.504	0.522	0.952
流程监控	92.40	303.177	0.685	0.725	0.950
减少寻租腐败	92.55	294.941	0.735	0.727	0.949
网上采购	92.41	307.811	0.565	0.607	0.951
信息管理	92.34	302.504	0.723	0.684	0.950
信息处理	92.37	302.715	0.754	0.679	0.949
科学决策	92.41	308.978	0.614	0.603	0.951
信息共享	95.07	323.521	0.373	0.378	0.953
政务公开	92.29	298.602	0.759	0.688	0.949
决策民主度	92.57	301.850	0.648	0.646	0.950
民主监督机制	92.50	301.400	0.728	0.740	0.950
政府改革	92.50	301.673	0.690	0.715	0.950

续表

指标	项已删除的刻度均值	项已删除的刻度方差值	校正的项总计相关性	多相关性的平方	项已删除的Cronbach's Alpha值
服务拓展	92.35	310.148	0.516	0.605	0.951
服务改善	92.56	300.538	0.718	0.794	0.950
跑部门减少	92.72	302.373	0.622	0.607	0.951
收费变化	92.26	304.572	0.595	0.529	0.951
公众满意	92.70	303.165	0.657	0.712	0.950
劳动强度	92.16	314.162	0.334	0.390	0.953
终身学习	92.50	307.637	0.560	0.524	0.951
工作满意度	92.75	302.028	0.724	0.746	0.950
地区竞争力	92.49	300.597	0.723	0.741	0.950
政府形象	92.58	302.907	0.648	0.738	0.950
环境保护	92.58	302.834	0.685	0.698	0.950

NJ市数字政府满意度调查KMO和Bartlett的检验 **表6-5**

取样足够度的Kaiser-Meyer-Olkin度量		0.907
Bartlett的球形度检验	近似卡方	6696.345
	df	378
	Sig.	0.000

（4）NJ市数字政府建设满意度评估

1）主成分提取。运用主成分分析法，对工程建设领域数字政府项目绩效评价28个二级指标进行因素萃取，通过对模式矩阵结果的分析，28个指标可以提取出5个主成分，说明28个二级指标大致可以归纳为五个方面。其中减少寻租腐败与政务公开、信息共享和劳动强度比较贴近，说明开始按内容分配的指标存在一些交叉，但不影响本书判断和分析。因此，后文将根据本调查问卷结果进行统计分析。如表6-6所示。

2）数字政府建设满意度D总得分。按照非常满意、满意、一般、不满意和非常不满意5个档次，对应赋值5分、4分、3分、2分和1分，进行统计分析。经过计算，NJ市数字政府建设满意度D总得分为72.39分。

3）数字政府建设分项满意度得分。经过计算，NJ市数字政府建设分项满意度得分结果如表6-7所示。

NJ市数字政府满意度调查模式矩阵[a]　　表6-6

指标	成分				
	1	2	3	4	5
人力成本	−0.176	−0.102	0.215	0.915	−0.088
办公费用减少	−0.045	0.077	−0.006	0.850	−0.066
办事周期	0.017	0.206	−0.180	0.689	0.099
流程规范	−0.189	0.933	0.068	−0.132	0.057
减少差错	0.068	0.376	0.130	0.206	0.161
内部协作	−0.226	0.854	0.048	−0.030	0.078
流程监控	0.094	0.529	−0.084	0.351	−0.007
减少寻租腐败	0.245	0.301	0.010	0.438	−0.096
网上采购	0.043	0.716	0.161	0.056	−0.308
信息管理	0.312	0.504	0.020	0.095	−0.009
信息处理	0.240	0.284	0.062	0.273	0.112
科学决策	0.297	0.467	−0.175	0.103	0.131
信息共享	−0.089	−0.187	−0.093	0.357	0.708
政务公开	0.352	0.077	0.064	0.431	0.036
决策民主度	0.726	−0.179	0.054	0.307	−0.177
民主监督机制	0.732	−0.061	−0.045	0.205	0.073
政府改革	0.769	0.008	0.133	−0.192	0.190
服务拓展	0.977	−0.014	0.115	−0.289	−0.236
服务改善	0.807	−0.214	0.179	0.062	0.057
跑部门减少	0.752	0.201	−0.202	−0.076	0.127
收费变化	0.308	−0.081	0.298	0.023	0.300
公众满意	0.266	−0.151	0.596	−0.042	0.255
劳动强度	0.099	0.180	0.015	−0.397	0.803
终身学习	−0.299	0.074	0.462	0.208	0.447
工作满意度	−0.019	0.012	0.77	0.193	−0.020
地区竞争力	−0.065	0.107	0.813	0.130	−0.039
政府形象	0.095	0.047	0.901	−0.149	−0.028
环境保护	0.218	0.119	0.705	−0.021	−0.174

注：提取方法为主成分分析法。

旋转法指具有Kaiser标准化的倾斜旋转法。

a为旋转在7次迭代后收敛。

NJ市数字政府满意度调查绩效指标得分结果表　表6-7

序号	一级指标	一级指标分数	二级指标	二级指标分数
1	效率政府绩效指标	69.07	人力成本	67.84
2			办公费用减少	67.84
3			办事周期	71.52
4	规范政府绩效指标	71.86	流程规范	72.00
5			减少差错	75.68
6			内部协作	66.29
7			流程监控	73.76
8			减少寻租腐败	70.40
9			网上采购	73.01
10	智能政府绩效指标	73.82	信息管理	74.72
11			信息处理	73.39
12			科学决策	73.33
13	透明政府绩效指标	85.37	信息共享	95.41
14			政务公开	75.48
15	民主政府绩效指标	70.80	决策民主度	70.17
16			民主监督机制	71.45
17	服务政府绩效指标	71.02	政府改革	71.60
18			服务拓展	74.62
19			服务改善	70.42
20			跑部门减少	66.72
21			收费变化	75.90
22			公众满意	66.73
23	公务员获益	71.92	劳动强度	77.74
24			终身学习	71.36
25			工作满意度	66.32
26	综合竞争	70.79	地区竞争力	72.20
27			政府形象	70.51
28			环境保护	69.66
30	总体评价		72.39	

(5)NJ市数字政府建设总体满意度分析

NJ市数字政府建设满意度D总得分为72.39分，按照判定规则，$D \in L_4$，NJ市数字政府建设满意度判定为良好。这说明NJ市数字政府建设已经初具成效，得到了包括政府公职人员、企业、城市居民等在内的社会各界的初步认可。在人们对工程建设领域数字政府工程建设最为关心的八个维度中，透明政府的得分最高，得分为85.37分，已经达到优秀水平；效率政府的得分最低，得分为69.07分，虽然按照判定规则属于一般，但已经十分接近良好水平；其他6个一级指标的得分都属于良好范围。8个一级指标的得分情况如图6-3所示。

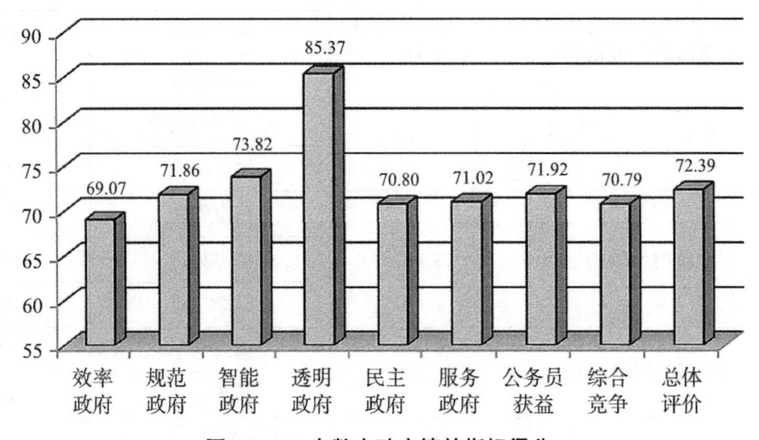

图6-3 NJ市数字政府绩效指标得分

虽然按照判定规则，NJ市数字政府建设满意度判定为良好，但应当清醒地认识到，NJ市数字政府建设满意度得分仅为72.39分，刚刚脱离一般的范围，仍然处于良好的下游，说明NJ市工程建设领域数字政府建设要想取得令人满意的成绩仍需付出巨大努力、仍然有很长的路要走。

（6）NJ市数字政府建设分项满意度分析

1）效率政府分析。效率政府绩效指标整体评价为69.07分，接近良好，但在整体建设上属于建设水平较低方面，为最低指标值。其中：人力成本与办公费用减少两个二级指标的得分为67.84分，属于一般范围；办事周期得分为71.52分，达到良好。效率政府评价满意趋势分布如图6-4所示。

2）规范政府分析。规范政府绩效指标整体评价为71.86分，属于良好。其子项评价主体倾向为满意，除内部协作外，其他指标选择满意和非常满意的人数均超过50%，相应子项的评价成绩均在70分以上，属于良好。而内部协作的评价成绩为66.29分，是规范政府中唯一未达到良好范围的指标，属于在规范政府中完成程度最差的劣势项目，也是导致规范政府得分排名靠后的直接原因。规范政府评价满意度结果如图6-5所示。

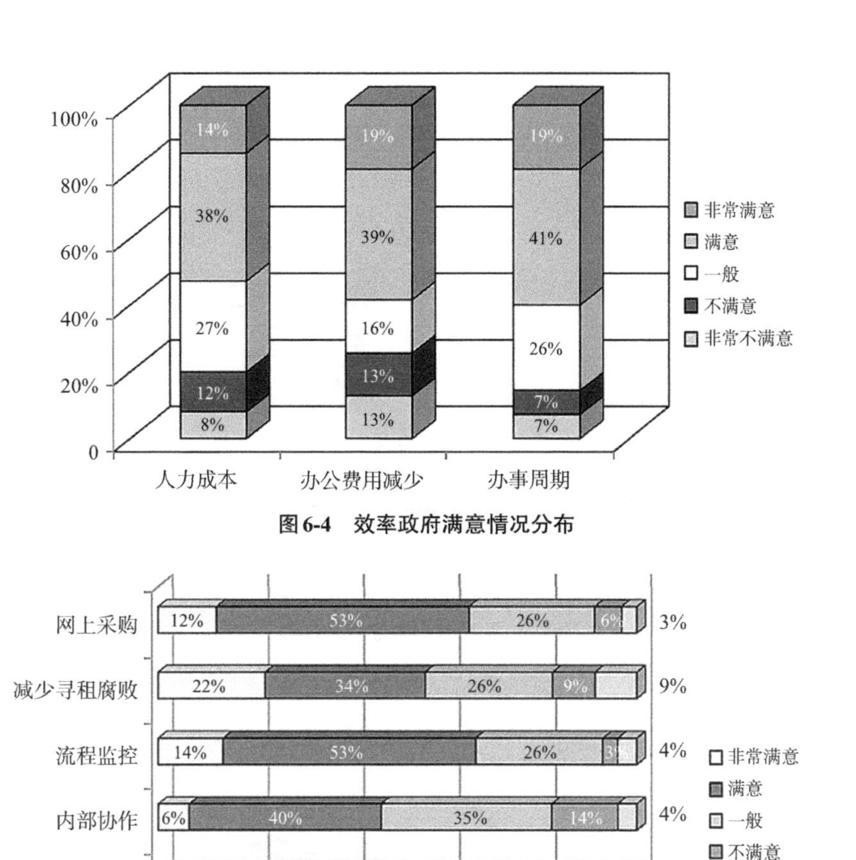

图6-4　效率政府满意情况分布

图6-5　规范政府满意情况分析

3）智能政府分析。智能政府绩效指标成绩为73.82分，属于表现较为出色的部分。其中信息管理水平最好，为74.72分，其他成绩也达到良好。智能政府评价满意结果如图6-6所示。

4）透明政府分析。透明政府绩效指标得分为85.37分，已经达到优秀水平。其中：信息共享得分为95.41分，达到优秀水平，是全部28个二级指标中得分最高的指标；而政务公开的得分为75.48分，虽然没有达到优秀水平，但也属于良好状态。透明政府满意度调查结果如图6-7、图6-8所示。

5）民主政府分析。民主政府绩效指标总体评价为70.80分，整体刚达到良好程度，属于数字政府工程建设的表现不理想的方面。其中：民主监督机制的满意程度整体比决策民主度略好，整体趋势相似；民主监督机制为71.45分，决策民主度为

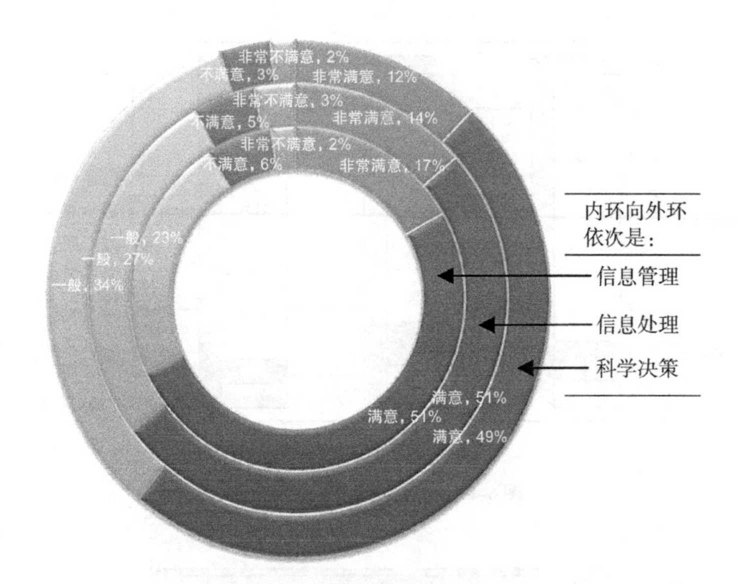

图6-6　智能政府满意情况分析

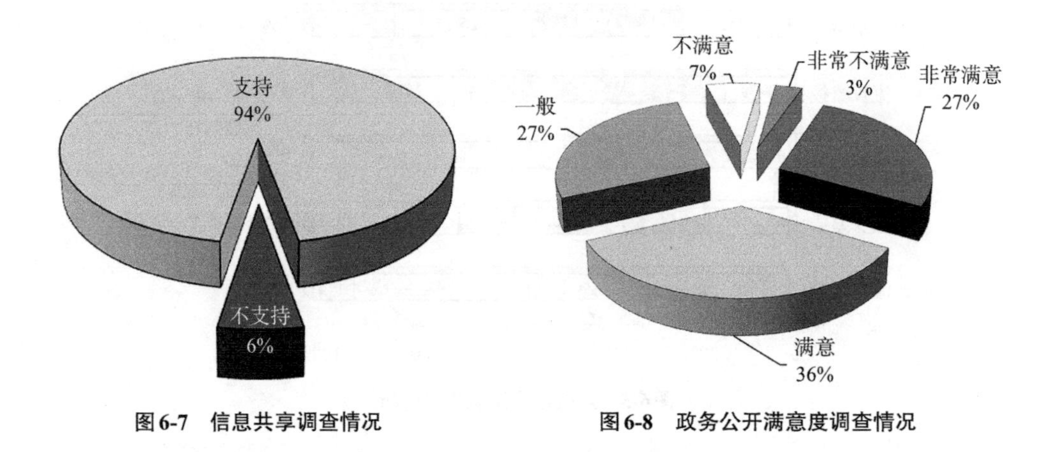

图6-7　信息共享调查情况　　图6-8　政务公开满意度调查情况

70.17分。民主政府评价满意结果如图6-9所示。

6）服务政府分析。服务政府总体绩效指标成绩为71.02分，属于数字政府建设的劣势部分。其中：公众满意情况和跑部门减少情况的满意情况略低，分别为66.72分和66.73分，表现一般，有待改进。服务政府评价满意结果如图6-10所示。

7）公务员获益分析。公务员获益情况绩效评价为71.92分，表现良好。其中：劳动强度满意度得分最高为77.74分，表明数字政府工程建设对劳动强度改善情况最好；工作满意度最低为66.32分，未达到良好水平，说明公务员对工作满意度提高受数字政府的影响有限。公务员获益情况调查满意情况如图6-11所示。

8）综合竞争力分析。综合竞争力绩效评价成绩为70.79分，属于数字政府工程

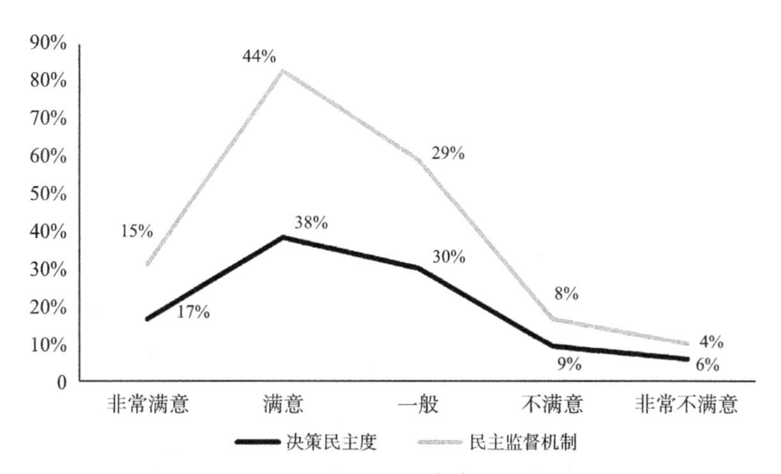

图6-9　民主政府满意情况分析

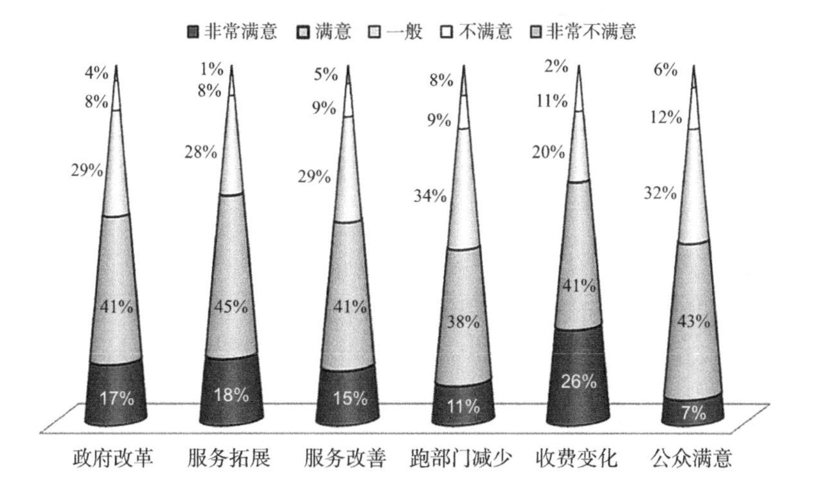

图6-10　服务政府满意情况分析

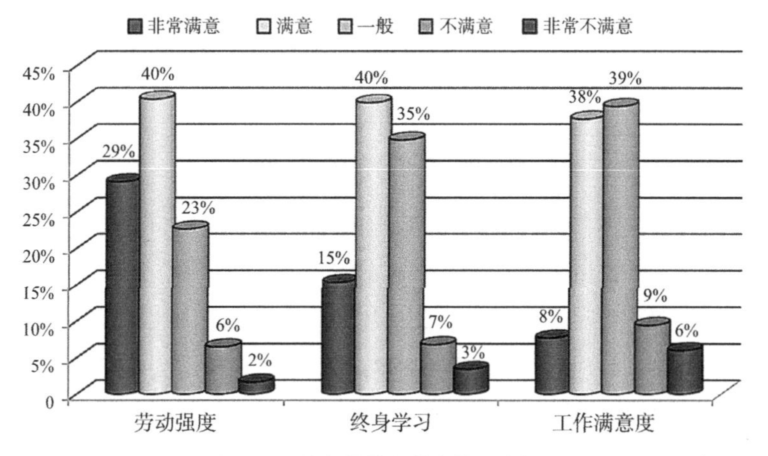

图6-11　公务员获益满意情况分析

建设劣势方面，说明数字政府建设对综合竞争的辅助情况不理想。其中环境保护方面表现最不理想，为69.66分，未达到良好水平。综合竞争力满意情况如图6-12所示。

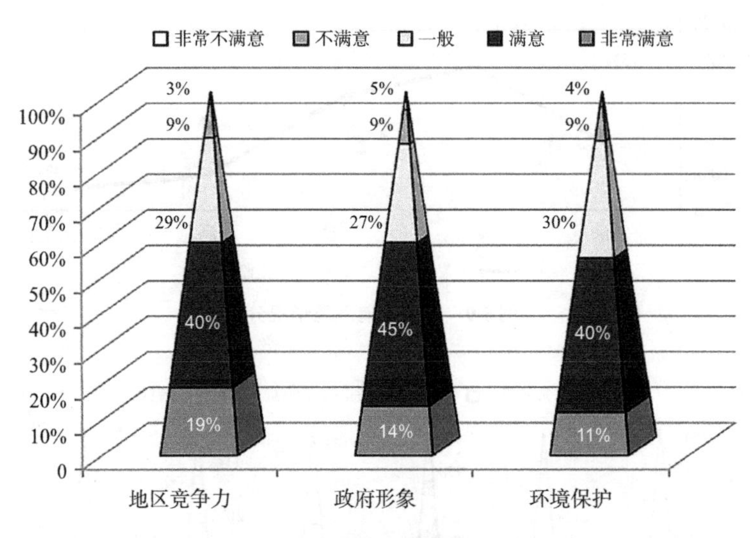

图6-12 地区竞争力满意情况分析

6.2.2 NJ市数字政府建设阻碍因素实证分析

为了识别影响因素在数字政府建设中的影响程度，本书采用层次分析法（Analytic Hierarchy Process，AHP）对影响因素进行分析，了解人们对工程建设领域数字政府工程建设各个阻碍因素的评价，并对各个阻碍因素进行排序。其中：一级指标2项，分别是技术因素和非技术因素；二级指标8项，分别是信息通信技术、信息人才意识、信息网络、信息资源开发、信息资源利用、技术标准、政策法规、资金支持。

（1）NJ市数字政府建设阻碍因素得分的判定规则

NJ市数字政府阻碍因素阻碍度评分采用百分制，并划分为L_1'=[0，20)、L_2'=[20，40)、L_3'=[40，60)、L_4'=[60，80)、L_5'=[80，100]等5个等级区间，设NJ市数字政府建设阻碍程度得分为Z，那么：①当$Z \in L_1'$时，则数字政府建设阻碍程度判定为无；②当$Z \in L_2'$时，则数字政府建设阻碍程度判定为较低；③当$Z \in L_3'$时，则数字政府建设阻碍程度判定为一般；④当$Z \in L_4'$时，则数字政府建设阻碍程度判定为较大。⑤当$Z \in L_5'$时，则数字政府建设阻碍程度判定为严重。如表6-8所示。

分数与评价对应表　　**表6-8**

分数分布	评价等级	是否构成阻碍
[80，100]	严重	否
[60，80)	较大	是
[40，60)	一般	是
[20，40)	较低	是
[0，20)	无	是

(2)NJ市数字政府建设阻碍因素调查问卷有效性分析

为了确保调查问卷能够获得可靠的、正确的测量结论，运用SPSS软件对NJ市数字政府建设阻碍因素调查问卷进行信度及效度检验，经过计算：①阻碍因素问卷克隆巴赫α系数值为0.707，α值小于0.8，说明此次调查结果的内部一致性一般；α值大于0.7，说明此次调查结果在经过一定的修正后、可以用于NJ市数字政府建设阻碍因素的分析(表6-9)。②修正各个题目变异量不相等后，求解得到标准化的克隆巴赫α系数值为0.724，比克隆巴赫α系数值要大，说明该问卷不存在个别变异度偏差过大现象(表6-9)。③计算各项总计统计量，求解得到各个指标项已删除的克隆巴赫α系数值，将其与整个调查问卷的标准化的克隆巴赫α系数值进行比较，各项总计统计量项已删除的信度系数均未超过0.724，表示无任何一项子问题严重破坏该结果的信度(表6-10)。④KMO(Kaiser-Meyer-Olkin)值为0.753，说明问卷具有较好的结构效度，调查测量的结果可以显现其所欲测量内容的真正特征(表6-11)。总之，本次调查结果信度效度均符合要求，可用于统计分析。

NJ市数字政府建设阻碍因素调查问卷可靠性统计量　　**表6-9**

Cronbach's Alpha	基于标准化项的 Cronbach's Alpha	项数
0.707	0.724	9

NJ市数字政府建设阻碍因素调查项总计统计量　　**表6-10**

指标	项已删除的刻度均值	项已删除的刻度方差	校正的项总计相关性	多相关性的平方	项已删除的Cronbach's Alpha值
主要阻碍因素	16.25	12.859	0.423	0.376	0.691
信息通信技术	14.87	11.284	0.375	0.368	0.684
信息人才意识	15.55	12.035	0.377	0.235	0.685
信息网络	15.09	11.770	0.267	0.147	0.706

续表

指标	项已删除的刻度均值	项已删除的刻度方差	校正的项总计相关性	多相关性的平方	项已删除的Cronbach's Alpha值
信息资源开发	14.51	10.509	0.511	0.278	0.655
信息资源利用	15.04	10.677	0.497	0.293	0.658
技术标准	15.15	11.413	0.402	0.251	0.678
政策法规	15.39	11.182	0.446	0.287	0.670
资金支撑	15.06	11.582	0.265	0.122	0.710

NJ市数字政府建设阻碍因素调查KMO和Bartlett的检验 **表6-11**

取样足够度的Kaiser-Meyer-Olkin度量		0.753
Bartlett的球形度检验	近似卡方	225.688
	df	36
	Sig.	0.000

（3）NJ市数字政府建设阻碍因素评估

1）主成分提取。因素萃取过程采用主成分分析法，其中根据公因子方差结果0.715为最大，表示阻碍因素的基本认识共同性最高，共同特质最多，为该部分阻碍因素调查的最主要影响因素，其影响性最强。如表6-12所示。通过对解释总方差结果的分析，9个指标可以提取出3个主成分，解释总方差累计平方和为59.393%，大于40%，表示检验共通性非常好、因素解释力高、共同性高，即全部

NJ市数字政府建设阻碍因素调查公因子方差 **表6-12**

指标	初始	提取
阻碍因素	1.000	0.715
信息通信技术	1.000	0.693
信息人才意识	1.000	0.550
信息网络	1.000	0.611
信息资源开发	1.000	0.487
信息资源利用	1.000	0.484
技术标准	1.000	0.593
政策法规	1.000	0.529
资金支撑	1.000	0.684

注：提取方法为主成分分析。

9个问题归纳为三个方面即可。如表6-13所示。碎石图表示各指标之间是否还存在特殊因素，一般两个指标之间特征值相差不超过1表示二者不存在特殊因素，根据图6-13所示，说明阻碍因素调查中的第一问题为最重要的问题。根据公职人员对阻碍因素总体评价的调查结果可知，目前公职人员普遍认同非技术因素是主要影响因素，这一观点的支持者达到总人数的87.33%。如图6-14所示。

NJ市数字政府建设阻碍因素调查解释的总方差 **表6-13**

成分	初始特征值			提取平方和载入			旋转平方和载入[a]
	合计	方差的百分率(%)	累积(%)	合计	方差的百分率(%)	累积(%)	合计
1	2.858	31.754	31.754	2.858	31.754	31.754	2.462
2	1.456	16.180	47.934	1.456	16.180	47.934	2.373
3	1.031	11.460	59.393	1.031	11.460	59.393	1.066
4	0.817	9.076	68.470				
5	0.694	7.706	76.176				
6	0.618	6.864	83.040				
7	0.566	6.284	89.324				
8	0.561	6.229	95.553				
9	0.400	4.447	100.000				

注：提取方法为主成分分析。

a. 使成分相关联后，便无法通过添加平方和载入来获得总方差。

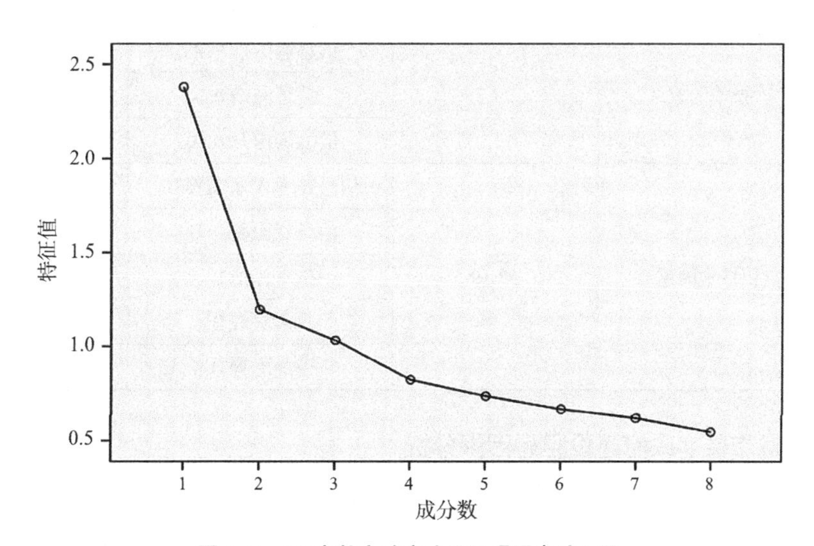

图6-13 NJ市数字政府建设阻碍因素碎石图

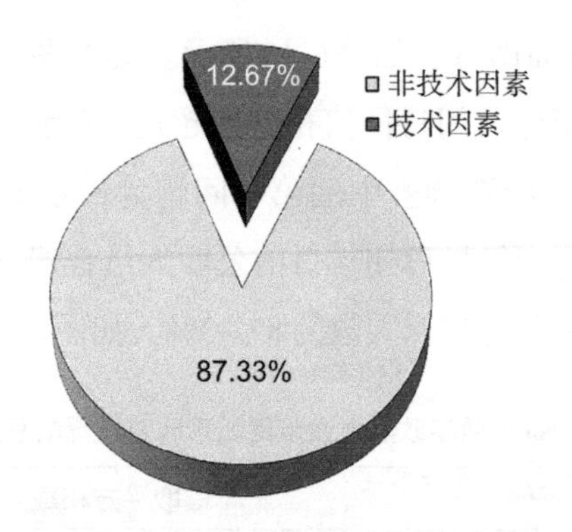

图6-14 NJ市数字政府建设阻碍因素基本认识

2）数字政府建设阻碍度Z总得分。按照无阻碍、一般、比较阻碍和阻碍严重4个档次，对应赋值0分、1分、2分和3分。为方便观察各影响因素间的差异程度，对四个选项的赋分值进行平方处理，最终赋分状态为0分、1分、4分和9分，进行后面的统计分析。

3）数字政府建设阻碍度得分。对数字政府建设普遍影响因素进行总结，如表6-14所示。按照相应被调查者的选择，将8项二级影响因素指标的阻碍程度进行评分。具体结果如图6-15所示。经过计算，NJ市数字政府建设分项阻碍度得分结果如表6-14所示。影响因素阻碍程度如图6-15所示。

NJ市数字政府的影响因素阻碍度评分表 **表6-14**

序列	一级指标	一级指标得分	二级指标	二级指标得分
1	技术因素A	39.7	信息通信技术A_1	40.46
2			信息网络A_2	50.77
3			信息资源开发A_3	27.85
4	非技术因素B	57.19	信息技术人才培养B_1	70.14
5			信息资源利用B_2	51.01
6			技术标准B_3	51.72
7			政策法规B_4	62.63
8			资金配置B_5	50.43

（4）NJ市数字政府建设阻碍因素分析

根据NJ市数字政府影响因素阻碍度评分结果，如表6-14所示，技术因素的阻碍度得分为39.7分，非技术因素的阻碍度得分为57.19分。按照NJ市数字政府建设阻碍因素得分的判定规则（表6-8），技术因素和非技术因素都对NJ市数字政府建设

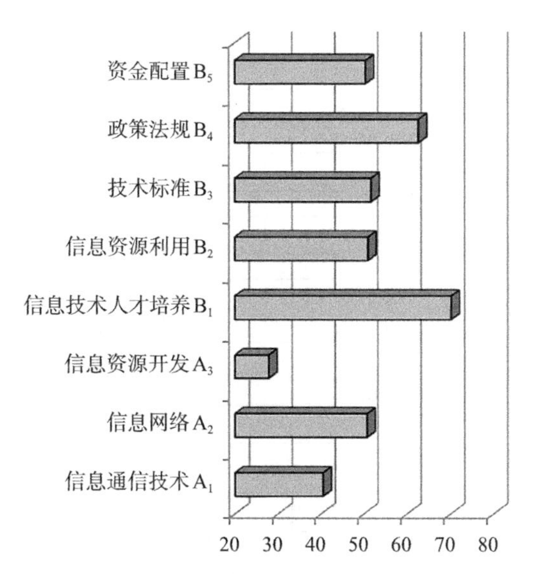

图6-15 NJ市数字政府影响因素程度

的开展构成阻碍，其中：非技术因素的阻碍程度已接近一般水平的上限，对NJ市数字政府建设开展构成的阻碍较高；技术因素的阻碍程度一般。如图6-16所示。

在所有的8个二级指标中，信息技术人才培养得分为70.14分，政策法规得分为62.63分，说明二者对NJ市数字政府建设产生的阻碍程度较高；技术标准得分为51.72分，信息资源利用得分为51.01分，信息网络得分为50.77分，资金配置得分为50.43分，说明该四个指标对NJ市数字政府建设开展产生的阻碍程度一般；信息通信技术得分为40.46分，信息资源开发得分为27.85分，说明二者对NJ市数字政府建设开展产生的阻碍程度较低。如图6-17所示。

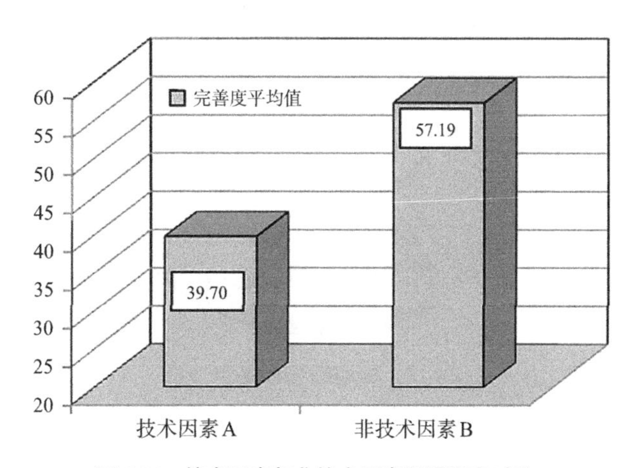

图6-16 技术因素与非技术因素阻碍程度对比

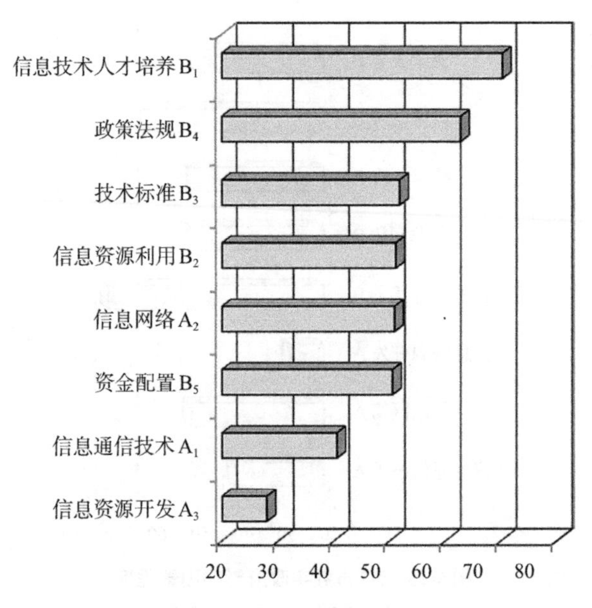

图6-17 阻碍因素排序图

在调查过程中，设置排序题对三个最大阻碍因素进行识别并排序，对第一顺位赋予3分、第二顺位赋予2分、第三顺位赋予1分、未被选中的选项赋予0分。根据受访者的调查结果，NJ市数字政府建设的最大阻碍因素如图6-18所示。

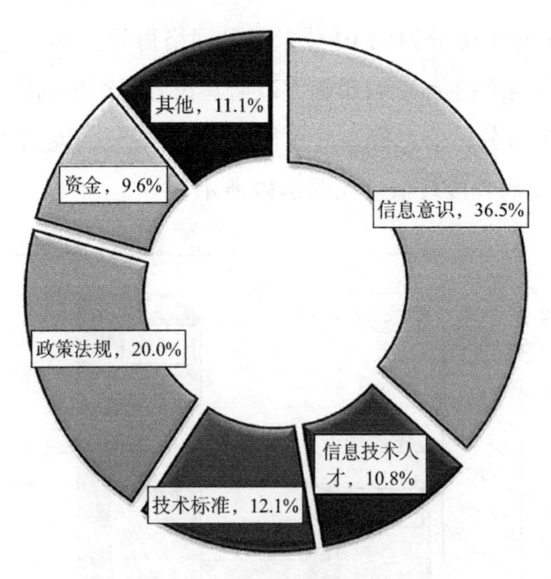

图6-18 最大阻碍因素识别分析

6.3 本章小结

本章围绕实证研究，从样本城市的选取、调查问卷的设计、数据收集及实证方法选择方面进行了阐述。运用SPSS软件进行实证模型的检验，结果表明：NJ市数字政府建设满意度得分仅为72.39分，刚刚脱离一般的范围，仍然处于良好的下游，说明NJ市工程建设领域数字政府建设要想取得令人满意的成绩仍需付出巨大努力、仍然有很长的路要走。非技术因素的阻碍度为57.19分，属于阻碍度一般；技术因素的完善度为39.7分，属于阻碍程度较低，说明非技术因素，特别是信息人才培养还远不够完善、政策法规的建设还未得到落实等是阻碍NJ市数字政府发展的关键影响因素。

第7章 结论与展望

通过上述六章的论述，本书已对工程建设领域数字政府集成工程规制的机理、工程建设领域信息化的市场失灵和政府失灵、工程建设领域数字政府工程建设的政府自我规制进行了详细剖析。本章对全书进行总结，阐明主要研究结论，指出本书的创新点，并提出研究展望。

7.1 本书结论

伴随数字化技术在工程项目中的大规模应用，传统的城市建设和管理的体制和方式必将遭受前所未有的冲击。明晰数字政府给工程建设带来的新变化，推动工程建设领域数字政府的建设，改善政府绩效，提升政府形象，有助于政府更好地为百姓服务，是即将到来的数字城市时代对城市建设研究者的新挑战。

本书基于已有的研究，分析了数字政府发展的趋势，明确了工程建设领域数字政府互补关系，分析了基于工程项目监管的数字政府的特征，工程建设领域数字政府工程建设的机理，并构建了保障工程项目监管的数字政府工程建设持续发展的绩效评价体系。总体来看，本书主要在以下四个方面进行深入研究，并得到了重要结论：

（1）智慧化是基于工程项目监管的数字政府发展的趋势

全球政府发展表明，数字政府的发展以智慧化、透明化和服务化为主要特征。工程项目信息化中政府信息化和行业信息化是互补的关系，由于BIM技术具有可视化、可模拟和可分析等特征，给智慧建造提供了可能。BIM技术还可以与云计算、大数据、物联网和新一代空间信息技术等相互连接，而且BIM集成了技术信息化和管理信息化两个方面的内容，工程项目的信息化以BIM为代表。行业信息化的发展对政府的监管提出了智慧化和横向协同的要求，协同政府是基于工程项目监管的数字政府发展的重要趋势，智慧办公、智慧监管等是其主要特征。

（2）非技术因素是工程建设领域数字政府工程建设面临的主要障碍

工程建设领域数字政府工程的技术因素与非技术因素应该呈现一种相互促进、相辅相成的关系（图1-1）。但实践过程中，由于过多地强调信息技术的开发、引进和使用，忽视了信息资源、信息产业化、信息人才培养、信息化政策和标准规范等非技术因素对工程建设领域数字政府工程的重要作用，导致工程建设领域数字政府建设过程中技术因素与非技术因素之间产生严重的缺口效应，严重影响了工程建设领域数字政府工程的进程（图1-2）。

（3）数字政府工程建设需要立足于城市经济发展水平和信息需求的现状，实施统一规划

在对数字政府工程建设时机进行分析的基础上，得出了数字政府工程建设的顺序与上级政府财政补贴率、城市经济发展水平正相关，数字政府系统最佳使用时间与城市经济发展水平正相关、与使用顺序负相关等结论。因此，需要立足城市经济发展水平和社会信息需求的现状，有层次、有规划地推进数字政府工程建设。

（4）数字政府工程建设需要政府导向

构建了政府和政府部门的Stackelberg主从博弈模型，博弈结果显示：从绝对数量来看，政府的投资数额越大，政府获得的收益越多；从相对数量来看，政府的投资比率越高，政府部门参与数字政府工程建设的积极性越高。因此，数字政府工程系统建设需要政府导向，即：政府必须在数字政府工程建设过程中起主导作用。

（5）工程建设领域数字政府工程建设需要绩效评价

工程建设领域数字政府工程建设是一项系统工程，涉及的相关行为主体多、协调难度大，既涉及工程建设全过程的各方主体，又涉及对工程建设全过程进行规制的各个政府部门。需要考虑城市发展的总体战略、信息需求和社会信息处理能力。要防止因为市场不完全、外部性和信息不对称引起的市场失灵，就需要政府干预。但是政府可能产生公共物品供给缺乏和因为寻租和俘虏等产生的政府失灵。为了推动数字政府的发展需要建立基于绩效评价的持续改进机制，从激励、约束、反馈等方面规制数字政府工程建设的发展。

7.2 本书创新

本书理论分析并实证检验了工程建设领域数字政府工程建设的机理。与前人的

相关研究相比，本书主要有以下创新：

（1）构建了工程建设领域政府信息化和行业信息化的无缝连接模型，提出了集成政府工程监管的模式

通过构建孤岛型（图4-4）、数据库型（图4-5）和一站式（图4-6）信息传递模型进行成本效益分析发现，基于BIM的一站式信息传递可以实现帕累托改进和效率提升（4.2.3），政府信息化和行业信息化之间可以实现无缝连接，提高效率，集成的政府工程监管同样可以提升监管效率。

（2）提出了工程建设领域数字政府工程系统框架模型

现有数字政府工程建设的研究将技术要素作为研究重点，多停留在信息技术应用和信息网络等方面，忽视了数字政府工程的非技术要素研究。针对该问题，本书构建了以信息技术应用和信息网络为技术要素，以信息资源、信息产业化、信息人才培养、信息化政策和标准规范为非技术要素的数字政府工程系统框架（图4-1）。与现有研究相比，数字政府工程系统框架更能体现数字政府的系统工程特征，能够更加准确地反映数字政府工程技术因素和非技术因素之间相辅相成、相互制约的紧密关系。

（3）构建了数字政府工程纵向和横向激励的模型，明确了协同政府工程建设激励的机理

数字政府工程建设的机理可以概括为中央激励、统一规划、政府导向、协调一致，即：充分发挥中央政府对工程建设领域数字政府系统提供的财政补贴的作用，以城市经济发展水平和行业信息化为参考标准统一规划，合理选取试点城市，政府和政府部门需要协调一致、紧密合作，采取合理的管理模式、建立持续发展的保障机制，推动数字政府工程建设的开展。

（4）确立了包括激励、约束和信息反馈在内的持续改进机制，构建了数字政府工程绩效评价的指标体系，明确了数字政府工程持续建设和发展的手段

建立了包含效率政府、民主政府等8个一级指标，包含办事周期、政务公开、工作满意度、政府形象等28个二级指标的数字政府工程建设的绩效评价指标体系（表5-1）。按照层次分析原理和数字政府工程建设的特点，构建了递阶层次结构的数字政府工程建设的绩效评价模型（图5-4），建立了绩效评价标准体系（表5-3）。

7.3 研究展望

本书对工程建设领域数字政府工程建设的研究具有一定的理论价值和实践意义，但由于受到研究重点和条件所限，仍有一些问题需要进一步的研究。后续研究可以从以下几个方面继续深入和完善：①工程建设领域数字政府工程建设公务员激励研究；②工程建设领域数字政府能力建设研究。

此外，政府投入与政府收益的比例关系研究、中央补贴额度与工程建设领域数字政府工程建设推进比例之间的量化关系研究、工程建设领域数字政府工程建设公众参与机制研究，也是服务于工程项目监管的数字政府工程建设研究中面临的一个重要问题。

附录A

NJ市数字政府建设情况调查

说明：

1.本次调研的相关数据将仅用于课题研究，意在了解数字政府建设的状况。

2.本次调研将完全遵守客观的原则进行，不受任何其他因素影响。请您实事求是填写表中数据，我们将对您所填具体内容严格保密。

3.完成调研问卷时，请在所选答案上打上√，或在横线上填入内容。电子版请将答案涂成红色。

如您想要获得数据收集最终结果，请您认真填写您的个人信息，调研结束后，我们会将统计结果发送给您。

一、个人基本情况

姓名		性别		联系电话	
单位名称				邮箱地址	
职务	厅（局）级		处级	科级	科级以下
学历	本科（大专）		硕士研究生	博士研究生	其他
年龄	51岁以上		41～50岁	31～40岁	30岁以下

二、满意度调查

1. 您认为，推行数字政府建设后，政府人力成本缩减程度是：

   A.缩减很多　B.缩减较多　C.一般　D.缩减较少　E.没有缩减

2. 您认为，推行数字政府建设后，政府办公费用减少程度是：

   A.减少很多　B.减少较多　C.一般　D.减少较少　E.没有减少

3. 您认为，推行数字政府建设后，政府办公周期缩短情况是：

A. 缩短很多 B. 缩短较多 C. 一般 D. 缩短较少 E. 没有缩短

4. 您认为，数字政府工程建设过程中，政府办公流程的规范情况是：

A. 很规范 B. 较规范 C. 一般 D. 不太规范 E. 极不规范

5. 您认为，推行数字政府工程建设对减少政府办公差错方面的帮助情况是：

A. 帮助极大 B. 帮助较大 C. 一般 D. 帮助较少 E. 没有帮助

6. 您认为，推行数字政府建设过程中，政府部门内部合作的情况是：

A. 很协调 B. 较协调 C. 一般 D. 不太协调 E. 极不协调

7. 您认为，推行数字政府建设后，对政府部门办公流程监控的帮助情况是：

A. 帮助极大 B. 帮助较大 C. 一般 D. 帮助较少 E. 没有帮助

8. 您认为，推行数字政府建设后，对遏制政府办公人员寻租、腐败等问题的帮助情况是：

A. 帮助极大 B. 帮助较大 C. 一般 D. 帮助较少 E. 没有帮助

9. 您认为，推行数字政府建设中，对政府网上采购提供的便捷程度是：

A. 极大 B. 较大 C. 一般 D. 较少 E. 没有

10. 您认为，数字政府建设对政府信息管理改善情况是：

A. 改善极大 B. 改善较大 C. 一般 D. 改善较少 E. 没有改善

11. 您认为，数字政府建设对政府的信息处理改善情况是：

A. 改善极大 B. 改善较大 C. 一般 D. 改善较少 E. 没有改善

12. 您认为，数字政府建设对政府的科学决策程度的帮助情况是：

A. 帮助极大 B. 帮助较大 C. 一般 D. 帮助较少 E. 没有帮助

13. 您认为，是否有必要利用工程建设领域数字政府的网络平台公开处理政务？

A. 是 B. 否

14. 您认为，推行数字政府工程建设，对政府政务公开透明的帮助情况是：

A. 帮助极大 B. 帮助较大 C. 一般 D. 帮助较少 E. 没有帮助

15. 您认为，推行数字政府工程建设，对政府民主决策的帮助情况是：

A. 帮助极大 B. 帮助较大 C. 一般 D. 帮助较少 E. 没有帮助

16. 您认为，推行数字政府工程建设，对政府民主监督机制的帮助情况是：

A. 帮助极大 B. 帮助较大 C. 一般 D. 帮助较少 E. 没有帮助

17. 您认为，推行数字政府工程建设，对政府改革的帮助情况是：

A. 帮助极大 B. 帮助较大 C. 一般 D. 帮助较少 E. 没有帮助

18. 您认为，推行数字政府工程建设，对政府服务拓展的帮助情况是：

A. 帮助极大　B. 帮助较大　C. 一般　D. 帮助较少　E. 没有帮助

19. 您认为，推行数字政府工程建设，对改善政府服务的帮助情况是：

A. 帮助极大　B. 帮助较大　C. 一般　D. 帮助较少　E. 没有帮助

20. 您认为，推行数字政府工程建设，对遏制办公人员擅离职守的帮助情况是：

A. 帮助极大　B. 帮助较大　C. 一般　D. 帮助较少　E. 没有帮助

21. 您认为，推行数字政府工程建设，政府的服务收费相应产生何种变化？

A. 降低较大　B. 稍有降低　C. 维持不变　D. 稍有增加　E. 增加较大

22. 您认为，推行数字政府工程建设后，公众对政府服务满意度的改善情况是：

A. 改善极大　B. 改善较大　C. 一般　D. 改善较少　E. 没有改善

23. 您认为，推行数字政府工程建设后，政府公务员劳动强度的变化情况是：

A. 降低较大　B. 稍有降低　C. 维持不变　D. 稍有增加　E. 增加较大

24. 您认为，推行数字政府工程建设后，政府公务员终身学习机会的变化情况是：

A. 显著增加　B. 较大增加　C. 一般　D. 增加甚少　E. 维持不变

25. 您认为，推行数字政府工程建设后，政府公务员工作满意度的改善情况是：

A. 改善极大　B. 改善较大　C. 一般　D. 改善较少　E. 没有改善

26. 您认为，推行数字政府工程建设之后，地方政府竞争力提升情况是：

A. 显著提升　B. 提升较大　C. 一般　D. 提升较少　E. 没有提升

27. 您认为，推行数字政府工程建设之后，对政府形象的改善情况是：

A. 改善极大　B. 改善较大　C. 一般　D. 改善较少　E. 没有改善

28. 您认为，推行数字政府工程建设之后，对政府环境保护的改善情况是：

A. 改善极大　B. 改善较大　C. 一般　D. 改善较少　E. 没有改善

29. 您对数字政府建设的总体评价是：

A. 非常满意　B. 比较满意

C. 一般　　　D. 不满意（原因：选择上列题目编号）________________

三、阻碍因素调查

1. 您认为，目前阻碍数字政府工程建设的主要因素是：

A. 非技术因素　B. 技术因素　C. 不清楚

2. 您认为，当前信息通信技术是否影响了数字政府工程建设和发展的要求？

A.无阻碍　　B.一般　　C.阻碍较大　　D.阻碍严重

3.您认为，公务员的信息观念意识是否影响了数字政府建设和发展需要？

A.无阻碍　　B.一般　　C.阻碍较大　　D.阻碍严重

4.您认为，政府信息网络的速度和带宽等是否影响了用户登录和使用要求？

A.无阻碍　　B.一般　　C.阻碍较大　　D.阻碍严重

5.您认为，目前信息资源开发是否影响了数字政府工程建设和发展需要？

A.无阻碍　　B.一般　　C.阻碍较大　　D.阻碍严重

6.您认为，目前信息资源利用是否影响了数字政府建设和发展需要？

A.无阻碍　　B.一般　　C.阻碍较大　　D.阻碍严重

7.您认为，目前信息化技术标准和技术规范是否影响了数字政府建设和发展需要？

A.无阻碍　　B.一般　　C.阻碍较大　　D.阻碍严重

8.您认为，目前相关政策法规是否影响了数字政府建设和发展需要？

A.无阻碍　　B.一般　　C.阻碍较大　　D.阻碍严重

9.您认为，目前资金支持力度是否能影响了数字政府建设和发展的需求？

A.无阻碍　　B.一般　　C.阻碍较大　　D.阻碍严重

10.请您将下列选项，按照对数字政府建设的阻碍程度由强到弱，选出前3个并排序：

A.领导的信息观念意识　B.信息技术人才　C.信息网络

D.信息资源开发　E.信息资源利用　F.技术标准和技术规范

G.政策法规　H.资金支持力度

请选出前3个并排序：______、______、______。

附录B
代表性政策法规

国务院关于加快推进全国一体化在线政务服务平台建设的指导意见

国发〔2018〕27号

各省、自治区、直辖市人民政府，国务院各部委、各直属机构：

党的十八大以来，各地区各部门认真贯彻党中央、国务院决策部署，围绕转变政府职能、深化简政放权、创新监管方式、优化政务服务，深入推进“互联网+政务服务”，加快建设地方和部门政务服务平台，一些地方和部门依托平台创新政务服务模式，“只进一扇门”“最多跑一次”“不见面审批”等改革措施不断涌现，政务服务平台已成为提升政务服务水平的重要支撑，对深化“放管服”改革、优化营商环境、便利企业和群众办事创业发挥了重要作用。但同时，政务服务平台建设管理分散、办事系统繁杂、事项标准不一、数据共享不畅、业务协同不足等问题较为普遍，政务服务整体效能不强，办事难、办事慢、办事繁的问题还不同程度存在，需要进一步强化顶层设计、强化整体联动、强化规范管理，加快建设全国一体化在线政务服务平台。为深入推进“放管服”改革，全面提升政务服务规范化、便利化水平，更好为企业和群众提供全流程一体化在线服务，推动政府治理现代化，现就加快推进全国一体化在线政务服务平台建设提出以下意见。

一、总体要求

（一）指导思想。

全面贯彻党的十九大和十九届二中、三中全会精神，以习近平新时代中国特色社会主义思想为指导，统筹推进“五位一体”总体布局和协调推进“四个全面”战略布局，坚持以人民为中心的发展思想，牢固树立新发展理念，充分发挥市场在资源配置中的决定性作用，更好发挥政府作用，推动“放管服”改革向纵深发展，深入推进“互联网+政务服务”，加快建设全国一体化在线政务服务平台，整合资源，优化流程，强化协同，着力解决企业和群众关心的热点难点问题，推动政务服务从政府供给导向向群众需求导向转变，从“线下跑”向“网上办”“分头办”向“协同办”转变，全面推进“一网通办”，为优化营商环境、便利企业和群众办事、激发市场活力和社会创造力、建设人民满意的服务型政府提供有力支撑。

（二）工作原则。

坚持全国统筹。加强顶层设计，做好政策衔接，注重统分结合，完善统筹协调工作机制。强化标准规范，推进服务事项、办事流程、数据交换等方面标准化建设。充分利用各地区各部门已建政务服务平台，整合各类政务服务资源，协同共建，整体联动，不断提升建设集约化、管理规范化、服务便利化水平。

坚持协同共享。坚持政务服务上网是原则、不上网是例外，联网是原则、孤网是例外，推动线上线下深度融合，充分发挥国家政务服务平台的公共入口、公共通道、公共支撑作用，以数据共享为核心，不断提升跨地区、跨部门、跨层级业务协同能力，推动面向市场主体和群众的政务服务事项公开、政务服务数据开放共享，深入推进“网络通”“数据通”“业务通”。

坚持优化流程。坚持问题导向和需求导向，梳理企业和群众办事的“难点”“堵点”“痛点”，聚焦需要反复跑、窗口排队长的事项和“进多站、跑多网”等问题，充分运用互联网和信息化发展成果，优化政务服务流程，创新服务方式，强化全国一体化在线政务服务平台功能，不断提升用户体验，推动政务服务更加便利高效，切实提升企业和群众获得感、满意度。

坚持试点先行。选择有基础、有条件的部分省（自治区、直辖市）和国务院部门先行试点，推动在全国一体化在线政务服务平台建设管理、服务模式、流程优化等方面积极探索、不断创新，以试点示范破解难题、总结做法，分步推进、逐步完善，为加快建设全国一体化在线政务服务平台、推动实现政务服务“一网通办”积累经验。

坚持安全可控。全面落实总体国家安全观，树立网络安全底线思维，健全管理制度，落实主体责任，强化网络安全规划、安全建设、安全监测和安全态势感知分析，健全安全通报机制，加强综合防范，积极运用安全可靠技术产品，推动安全与应用协调发展，筑牢平台建设和网络安全防线，确保政务网络和数据信息安全。

（三）工作目标。

加快建设全国一体化在线政务服务平台，推进各地区各部门政务服务平台规范化、标准化、集约化建设和互联互通，形成全国政务服务“一张网”。政务服务流程不断优化，全过程留痕、全流程监管，政务服务数据资源有效汇聚、充分共享，大数据服务能力显著增强。政务服务线上线下融合互通，跨地区、跨部门、跨层级协同办理，全城通办、就近能办、异地可办，服务效能大幅提升，全面实现全国“一网通办”，为持续推进“放管服”改革、推动政府治理现代化提供强有力支撑。

2018年底前，国家政务服务平台主体功能建设基本完成，通过试点示范实现部分省（自治区、直辖市）和国务院部门政务服务平台与国家政务服务平台对接。制定国家政务服务平台政务服务事项编码、统一身份认证、统一电子印章、统一电子证照等标准规范，各省（自治区、直辖市）和国务院有关部门按照全国一体化在线政务服务平台要求对本地区本部门政务服务平台进行优化完善，为全面构建全国一体化在线政务服务平台奠定基础。

2019年底前，国家政务服务平台上线运行，各省（自治区、直辖市）和国务院有关部门政务服务平台与国家政务服务平台对接，全国一体化在线政务服务平台标准规范体系、安全保障体系和运营管理体系基本建立，国务院部门垂直业务办理系统为地方政务服务需求提供数据共享服务的水平显著提升，全国一体化在线政务服务平台框架初步形成。

2020年底前，国家政务服务平台功能进一步强化，各省（自治区、直辖市）和国务院部门政务服务平台与国家政务服务平台应接尽接、政务服务事项应上尽上，全国一体化在线政务服务平台标准规范体系、安全保障体系和运营管理体系不断完善，国务院部门数据实现共享，满足地方普遍性政务需求，“一网通办”能力显著增强，全国一体化在线政务服务平台基本建成。

2022年底前，以国家政务服务平台为总枢纽的全国一体化在线政务服务平台更加完善，全国范围内政务服务事项基本做到标准统一、整体联动、业务协同，除法律法规另有规定或涉及国家秘密等外，政务服务事项全部纳入平台办理，全面实现“一网通办”。

二、总体架构和任务要求

全国一体化在线政务服务平台由国家政务服务平台、国务院有关部门政务服务平台（业务办理系统）和各地区政务服务平台组成。国家政务服务平台是全国一体化在线政务服务平台的总枢纽，各地区和国务院有关部门政务服务平台是全国一体化在线政务服务平台的具体办事服务平台。

（一）国家政务服务平台。

国家政务服务平台建设统一政务服务门户、统一政务服务事项管理、统一身份认证、统一电子印章、统一电子证照等公共支撑系统，建设电子监察、服务评估、咨询投诉、用户体验监测等应用系统，建立政务服务平台建设管理的标准规范体系、安全保障体系和运营管理体系，为各地区和国务院有关部门政务服务平台提供公共入口、公共通道和公共支撑。

国家政务服务平台作为全国一体化在线政务服务平台的总枢纽，联通各省（自治区、直辖市）和国务院有关部门政务服务平台，实现政务服务数据汇聚共享和业务协同，支撑各地区各部门政务服务平台为企业和群众提供高效、便捷的政务服务。

国家政务服务平台以中国政府网为总门户，具有独立的服务界面和访问入口，两者用户访问互通，对外提供一体化服务。

（二）国务院有关部门政务服务平台（业务办理系统）和各地区政务服务平台。

国务院有关部门政务服务平台统筹整合本部门业务办理系统，依托国家政务服务平台的公共支撑系统，统筹利用政务服务资源，办理本部门政务服务业务，通过国家政务服务平台与各地区和国务院有关部门政务服务平台互联互通、数据共享、业务协同，依托国家政务服务平台办理跨地区、跨部门、跨层级的政务服务业务。全国投资项目在线审批监管平台、公共资源交易平台、相关信用信息系统等专项领域国家重点信息系统要与国家政务服务平台做好对接。

各地区政务服务平台按照省级统筹原则建设。通过整合本地区各类办事服务平台，建成本地区各级互联、协同联动的政务服务平台，办理本地区政务服务业务，实现网上政务服务省、市、县、乡镇（街道）、村（社区）全覆盖。各省（自治区、直辖市）政务服务平台与国家政务服务平台互联互通，依托国家政务服务平台办理跨地区、跨部门、跨层级的政务服务业务。

各级政府要依托全国一体化在线政务服务平台整合各类网上政务服务系统，向企业和群众提供统一便捷的服务。国务院有关部门和各省（自治区、直辖市）政务服务平台按照全国一体化在线政务服务平台统一标准规范及相关要求，全面对接国家政务服务平台，其政务服务门户与国家政务服务平台的政务服务门户形式统一规范、内容深度融合，实现事项集中发布、服务集中提供。鼓励各地区各部门依托全国一体化在线政务服务平台，开展个性化、有特色的服务创新。

三、推进政务服务一体化，推动实现政务服务事项全国标准统一、全流程网上办理

（一）规范政务服务事项。

政务服务事项包括行政权力事项和公共服务事项。编制全国标准统一的行政权力事项目录清单，按照统一规划、试点先行、突出重点、逐步完善的实施路径，以依申请办理的行政权力事项为重点，推动实现同一事项名称、编码、依据、类型等基本要素在国家、省、市、县四级统一。全面梳理教育、医疗、住房、社保、民政、扶贫、公共法律服务等与群众日常生产生活密切相关的公共服务事项，编制公共服务事项清单及办事指南，逐步推进公共服务事项规范化。完善政务服务事项受理条件、申请材料、中介服务、办理流程等信息要素，实现办事要件和办事指南标准化、规范化。建设国家政务服务平台事项库，与各地区和国务院有关部门政务服务事项库联通，推动实现一库汇聚、应上尽上。建立全国联动的政务服务事项动态管理机制，逐步实现各区域、各层级、各渠道发布的政务服务事项数据同源、同步更新，推动实现同一事项无差别受理、办理流程和评价标准统一。

（二）优化政务服务流程。

按照“一网通办”要求进一步优化政务服务流程，依托国家政务服务平台身份认证、电子印章、电子证照等基础支撑，推动证照、办事材料、数据资源共享互认，压缩办理环节、精简办事材料、缩短办理时限，实现更多政务服务事项的申请、受理、审查、决定、证照制作、决定公开、收费、咨询等环节全流程在线办理。整合优化企业开办、投资项目审批、工程建设项目审批、不动产登记等涉及多个部门、地区的事项办理流程，逐步做到一张清单告知、一张表单申报、一个标准受理、一个平台流转。积极推进多证合一、多图联审、多规合一、告知承诺、容缺受理、联审联办。通过流程优化、系统整合、数据共享、业务协同，实现审批更简、监管更强、服务更优，更多政务服务事项实现“一窗受理、一次办成”，为推动尽快实现企业开办时间再减一半、项目审批时间再砍一半、凡是没有法律法规依据的证明一律取消等改革目标提供有力支撑。

（三）融合线上线下服务。

依托全国一体化在线政务服务平台，推进线上线下深度融合，推动政务服务整体联动、全流程在线，做到线上线下一套服务标准、一个办理平台。推动政务服务事项清单、办事指南、办理状态等相关信息在政务服务平台、移动终端、实体大

厅、政府网站和第三方互联网入口等服务渠道同源发布。推动政务服务平台和便民服务站点向乡镇（街道）、村（社区）延伸。归集、关联与企业和群众相关的电子证照、申请材料、事项办理等政务服务信息并形成相应目录清单，持续提高办事材料线上线下共享复用水平。

（四）推广移动政务服务。

以公安、人力资源社会保障、教育、卫生健康、民政、住房城乡建设等领域为重点，积极推进覆盖范围广、应用频率高的政务服务事项向移动端延伸，推动实现更多政务服务事项“掌上办”“指尖办”。加快建设国家政务服务平台移动端，接入各省（自治区、直辖市）和国务院有关部门移动端服务资源，提供分级运营、协同联动的全国一体化在线政务服务平台移动端服务。制定全国一体化在线政务服务平台移动端建设指引，明确功能定位、设计展现、应用接入、安全防护、运营保障等内容和要求，指导各地区和国务院有关部门集约建设、规范管理。加强对各级政务服务平台移动端的日常监管，强化注册认证、安全检测、安全加固、应用下载和使用推广等规范管理。充分发挥“两微一端”等政务新媒体优势，同时积极利用第三方平台不断拓展政务服务渠道，提升政务服务便利化水平。

四、推进公共支撑一体化，促进政务服务跨地区、跨部门、跨层级数据共享和业务协同

（一）统一网络支撑。

各级政务服务平台原则上统一依托国家电子政务外网构建，通过部署在互联网上的政务服务门户提供服务。拓展国家电子政务外网覆盖范围，加强网络安全保障，满足业务量大、实时性高的政务服务应用需求。推动各地区和国务院有关部门非涉密业务专网与电子政务外网对接整合。

（二）统一身份认证。

国家政务服务平台基于自然人身份信息、法人单位信息等国家认证资源，建设全国统一身份认证系统，积极稳妥与第三方机构开展网上认证合作，为各地区和国务院有关部门政务服务平台及移动端提供统一身份认证服务。各地区和国务院有关部门统一利用国家政务服务平台认证能力，按照标准建设完善可信凭证和单点登录系统，解决企业和群众办事在不同地区和部门平台重复注册验证等问题，实现“一次认证、全网通办”。各地区各部门已建身份认证系统按照相关规范对接国家政务服务平台统一身份认证系统。

（三）统一电子印章。

制定政务服务领域电子印章管理办法，规范电子印章全流程管理，明确加盖电子印章的电子材料合法有效。应用基于商用密码的数字签名等技术，依托国家政务服务平台建设权威、规范、可信的国家统一电子印章系统。各地区和国务院有关部门使用国家统一电子印章制章系统制发电子印章。未建立电子印章用章系统的按照国家电子印章技术规范建立，已建电子印章用章系统的按照相关规范对接。

（四）统一电子证照。

依托国家政务服务平台电子证照共享服务系统，实现电子证照跨地区、跨部门共享。各地区和国务院有关部门按照国家电子证照业务技术规范制作和管理电子证照，上报电子证照目录数据。电子证照采用标准版式文档格式，通过电子印章用章系统加盖电子印章或加签数字签名，实现全国互信互认，切实解决企业和群众办事提交材料、证明多等问题。

（五）统一数据共享。

国家政务服务平台充分利用国家人口、法人、信用、地理信息等基础资源库，对接国务院部门垂直业务办理系统，满足政务服务数据共享需求。发挥国家数据共享交换平台作为国家政务服务平台基础设施和数据交换通道的作用，对于各省（自治区、直辖市）和国务院有关部门提出的政务服务数据共享需求，由国家政务服务平台统一受理和提供服务，并通过国家数据共享交换平台交换数据。进一步加强政务信息系统整合共享，简化共享数据申请使用流程，满足各地区和国务院有关部门政务服务数据需求。落实数据提供方责任，国务院有关部门按照“谁主管，谁提供，谁负责”的原则，保障数据供给，提高数据质量。除特殊情况外，国务院部门政务信息系统不按要求与一体化平台共享数据的，中央财政不予经费保障。强化数据使用方责任，加强共享数据使用全过程管理，确保数据安全。整合市场监管相关数据资源，推动事中事后监管信息与政务服务深度融合、“一网通享”。建设国家政务服务平台数据资源中心，汇聚各地区和国务院有关部门政务服务数据，积极运用大数据、人工智能等新技术，开展全国政务服务态势分析，为提升政务服务质量提供大数据支撑。

五、推进综合保障一体化，确保平台运行安全平稳规范

（一）健全标准规范。

按照“急用先行、分类推进，成熟一批、发布一批”的原则，抓紧制定并不断

完善全国一体化在线政务服务平台总体框架、数据、应用、运营、安全、管理等标准规范，指导各地区和国务院有关部门政务服务平台规范建设，推进政务服务事项、数据、流程等标准化，实现政务服务平台标准统一、互联互通、数据共享、业务协同。加强政务服务平台标准规范宣传培训、应用推广和贯彻实施，总结推广平台建设经验做法和应用案例，定期对标准规范进行应用评估和修订完善，以标准化促进平台建设一体化、政务服务规范化。

（二）加强安全保障。

强化各级政务服务平台安全保障系统的风险防控能力，构建全方位、多层次、一致性的防护体系，切实保障全国一体化在线政务服务平台平稳高效安全运行。落实《中华人民共和国网络安全法》和信息安全等级保护制度等信息网络安全相关法律法规和政策性文件，加强国家关键基础设施安全防护，明确各级政务服务平台网络安全管理机构，落实安全管理主体责任，建立健全安全管理和保密审查制度，加强安全规划、安全建设、安全测评、容灾备份等保障。强化日常监管，加强安全态势感知分析，准确把握安全风险趋势，定期开展风险评估和压力测试，及时通报、整改问题，化解安全风险。加强政务大数据安全管理，制定平台数据安全管理办法，加强对涉及国家利益、公共安全、商业秘密、个人隐私等重要信息的保护和管理。应用符合国家要求的密码技术产品加强身份认证和数据保护，优先采用安全可靠软硬件产品、系统和服务，以应用促进技术创新，带动产业发展，确保安全可控。加强网络安全保障队伍建设，建立多部门协调联动工作机制，制定完善应急预案，强化日常预防、监测、预警和应急处置能力。

（三）完善运营管理。

按照统一运营管理要求，各级政务服务平台分别建立运营管理系统，形成分级管理、责任明确、保障有力的全国一体化在线政务服务平台运营管理体系。加强国家政务服务平台运营管理力量，建立健全相关规章制度，优化运营工作流程，提升国家政务服务平台作为总枢纽的服务支撑能力。各地区和国务院有关部门要整合运营资源，加强平台运营管理队伍建设，统一负责政务服务平台和实体大厅运行管理的组织协调、督促检查、评估考核等工作，推进“一套制度管理、一支队伍保障”。创新平台运营服务模式，充分发挥社会机构运营优势，建立健全运营服务社会化机制，形成配备合理、稳定可持续的运营服务力量。

（四）强化咨询投诉。

按照“统一规划、分级建设、分级办理”原则，形成上下覆盖、部门联动、标准统一的政务服务咨询投诉体系，畅通网上咨询投诉渠道，及时回应和推动解决政务服务中的热点难点问题。国家政务服务平台咨询投诉系统提供在线受理、转办、督办、反馈等全流程咨询投诉服务，与各地区和国务院有关部门协同处理，通过受理咨询投诉不断完善平台功能、提升平台服务水平。各地区和国务院有关部门建设完善政务服务平台专业咨询投诉系统，与各类政务热线做好对接，对事项上线、政务办件、证照共享、结果送达等事项服务，开展全程监督、评价、投诉并及时反馈，实现群众诉求件件有落实、事事有回应。国家政务服务平台咨询投诉系统做好与中国政府网咨询投诉功能的衔接。

（五）加强评估评价。

依托国家政务服务平台网上评估系统，建立政务服务评估指标体系，加强对各地区和国务院有关部门政务服务平台的在线评估。同时，将各级政务服务平台网络安全工作情况纳入评估指标体系，督促做好网络安全防护工作。建立完善各级政务服务平台网上评估评价系统，实时监测事项、办件、业务、用户等信息数据，接受申请办事的企业和群众对政务服务事项办理情况的评价，实现评估评价数据可视化展示与多维度对比分析，以评估评价强化常态化监督，实现全流程动态精准监督，促进各地区和国务院有关部门政务服务水平不断提升。

六、组织实施

（一）加强组织领导。

国务院办公厅牵头成立全国一体化在线政务服务平台建设和管理协调工作小组，负责全国一体化在线政务服务平台顶层设计、规划建设、组织推进、统筹协调和监督指导等工作。各地区和国务院有关部门要建立健全推进本地区本部门政务服务平台建设和管理协调机制，负责统筹建设和完善本地区本部门政务服务平台，同时做好对接国家政务服务平台等工作。要充分发挥各省（自治区、直辖市）政府和国务院有关部门办公厅的优势，统筹协调各方面力量，抓好各项工作任务落实。

（二）强化分工协作。

国务院办公厅负责牵头推进国家政务服务平台建设，会同各地区和国务院有关部门推动建设全国一体化在线政务服务平台标准规范体系、安全保障体系和运营管理体系。全国一体化在线政务服务平台建设和管理工作要与转变政府职能、深化“放管服”改革紧密结合。各地区和国务院有关部门分级负责本地区本部门政务服务平台建设、安全保障和运营管理，做好与国家政务服务平台对接。国务院有关部门依托全国一体化在线政务服务平台，对属于本部门职责范围内的政务服务业务由该部门负责办理，跨部门的政务服务业务由牵头部门负责，相关部门积极配合、协同办理，国务院办公厅负责总体协调。政务服务平台建设和运行所需经费纳入各地区各部门财政预算，做好经费统筹管理使用。通过政府购买服务，鼓励社会力量参与政务服务平台建设。

（三）完善法规制度。

抓紧制修订全国一体化在线政务服务平台建设运营急需的电子印章、电子证照、电子档案等方面的法规、规章。同步推进现有法规、规章和规范性文件立改废释工作。加快完善配套政策，制定政务服务平台建设运营、数据共享、事项管理、业务协同、网络安全保障等方面管理制度，为平台建设管理提供法规制度支撑。

（四）加强培训交流。

建立常态化培训机制，围绕业务应用、技术体系、运营管理、安全保障、标准规范等定期组织开展培训，加强专业人才队伍建设。建立日常沟通交流机制，以简报、培训、研讨等多种形式开展交流，总结成熟经验，加强推广应用。加强对各地区和国务院有关部门政务服务平台建设管理经验的宣传推广。针对全国一体化在线政务服务平台建设管理中的重点难点问题开展专项试点、区域试点，总结成熟经验，做好试点成果转化推广。

（五）加强督查考核。

建立全国一体化在线政务服务平台建设管理督查考核机制，明确督查考核范围、周期和内容，实现督查考核工作制度化、规范化、标准化、常态化。各地区和国务院有关部门要把政务服务平台建设管理纳入工作绩效考核范围，列入重点督查事项。围绕全国一体化在线政务服务平台建设管理等组织开展第三方评估。充分发挥督查考核的导向作用，形成推进工作的良性机制。

各地区各部门要把加快全国一体化在线政务服务平台建设作为深化“放管服”改革、推进政府治理现代化的重要举措，制定具体实施方案，明确时间表、路线图，加大政策支持力度，强化工作责任，确保各项任务措施落实到位。有关实施方案和工作进展要及时报送国务院办公厅。

国务院

2018年7月25日

全国一体化在线政务服务平台建设组织推进和任务分工方案

为做好全国一体化在线政务服务平台建设组织实施工作，制定本方案。

一、工作目标

通过建立强有力的工作推进和协调机制，精心组织，周密安排，上下协同，集中攻关，加快建设全国一体化在线政务服务平台，形成全国政务服务“一张网”，确保到2018年底前，国家政务服务平台主体功能建设基本完成，通过试点示范实现部分省（自治区、直辖市）和国务院部门政务服务平台与国家政务服务平台对接；到2019年底前，国家政务服务平台上线运行，全国一体化在线政务服务平台框架初步形成；到2020年底前，各省（自治区、直辖市）和国务院部门政务服务平台与国家政务服务平台应接尽接、政务服务事项应上尽上，国务院部门数据实现共享，满足地方普遍性政务需求，全国一体化在线政务服务平台基本建成；到2022年底前，全国范围内政务服务事项基本做到标准统一、整体联动、业务协同，除法律法规另有规定或涉及国家秘密等外，政务服务事项全部纳入平台办理，全面实现“一网通办”。

二、组织推进

紧密结合深入推进“放管服”改革各项要求，统筹规划、标准先行，试点带动、迭代创新，统分结合、上下联动，以国家政务服务平台建设为重点，充分利用各地区和国务院有关部门已建政务服务平台，整合各类政务服务资源，推进数据共享和流程优化再造，坚持安全与应用同步规划、同步建设、同步运行，扎实做好平台建设组织实施工作，确保如期完成各项任务。

（一）成立平台建设和管理协调工作小组。国务院办公厅牵头成立全国一体化在线政务服务平台建设和管理协调工作小组，负责全国一体化在线政务服务平台顶层设计、规划建设、组织推进、统筹协调和监督指导等工作。平台建设和管理协调工作小组办公室设在国务院办公厅电子政务办公室，承担协调工作小组日常工作，组织督促各地区和国务院有关部门任务落实。各地区和国务院有关部门要建立健全相应的建设和管理协调机制，负责统筹建设和完善本地区本部门政务服务平台，同时做好对接国家政务服务平台等工作。

（二）建立协同推进工作机制。国务院办公厅与各地区各部门形成紧密协作机制，牵头推进国家政务服务平台建设，会同各地区和国务院有关部门推动建设全国一体化在线政务服务平台标准规范体系、安全保障体系和运营管理体系，推动跨地区、跨部门、跨层级数据共享和政务服务流程不断优化；牵头对全国一体化在线政务服务平台建设和管理工作进行督查评估。全国一体化在线政务服务平台建设和管理工作要与转变政府职能、深化“放管服”改革紧密结合。各地区和国务院有关部门分级负责本地区本部门政务服务平台建设、安全保障和运营管理，做好与国家政务服务平台对接。

（三）加强日常运营管理。按照统一运营管理要求，建立形成分级管理、责任明确、保障有力的全国一体化在线政务服务平台运营管理体系。国务院办公厅要加强对全国一体化在线政务服务平台运营管理的统筹协调，充实国家政务服务平台运营管理力量，建立健全相关规章制度，优化运营工作流程，提升国家政务服务平台作为总枢纽的服务支撑能力。各地区和国务院有关部门要整合运营资源，加强平台运营管理队伍建设，统一负责政务服务平台和实体大厅运行管理的组织协调、督促检查、评估考核等工作，推进“一套制度管理、一支队伍保障”。

三、重点任务分工及进度安排

（一）做好试点推进工作。

1.选择部分条件成熟的省（自治区、直辖市）和国务院部门开展与国家政务服务平台对接试点，积累经验，逐步推广。第一批试点省份为上海市、江苏省、浙江省、安徽省、山东省、广东省、重庆市、四川省、贵州省；试点国务院部门为国家发展改革委、教育部、公安部、人力资源社会保障部、商务部、市场监管总局。其他地方和国务院有关部门，根据本地区本部门政务服务平台建设成熟程度分批接入，2019年底前完成接入任务。（国务院办公厅牵头，各地区和国务院有关部门负责，2019年底前完成；试点地区、部门2018年底前完成）

（二）规范政务服务事项。

2.编制全国标准统一的行政权力事项目录清单，以依申请办理的行政权力事项为重点，推动实现同一事项名称、编码、依据、类型等基本要素在国家、省、市、县四级统一。（国务院办公厅牵头协调各有关方面推进，各地区和国务院有关部门分工负责，2020年底前印发全国标准统一的行政权力事项目录清单，2022年底前全国范围内政务服务事项基本做到标准统一、整体联动、业务协同）

3. 编制公共服务事项清单及办事指南，全面梳理教育、医疗、住房、社保、民政、扶贫、公共法律服务等与群众日常生产生活密切相关的公共服务事项，逐步推进公共服务事项规范化。（各地区和国务院有关部门负责，2020年底前完成；试点地区、部门2019年底前完成）

4. 推进办事要件和办事指南标准化、规范化，在编制行政权力事项目录清单和公共服务事项清单基础上，完善政务服务事项受理条件、申请材料、中介服务、办理流程等信息要素。（各地区和国务院有关部门负责，2020年底前完成；试点地区、部门2019年底前完成）

5. 建设国家政务服务平台事项库，与各地区和国务院有关部门政务服务事项库联通，推动实现一库汇聚、应上尽上。建立全国联动的政务服务事项动态管理机制，逐步实现各区域、各层级、各渠道发布的政务服务事项数据同源、同步更新。（国务院办公厅牵头，各地区和国务院有关部门负责，2020年底前实现各省（自治区、直辖市）和国务院部门政务服务平台与国家政务服务平台应接尽接、政务服务事项应上尽上；试点地区、部门2018年底前完成与国家政务服务平台事项库对接）

（三）优化政务服务流程。

6. 依托国家政务服务平台身份认证、电子印章、电子证照等基础支撑，推动证照、办事材料、数据资源共享互认。（各地区和国务院有关部门负责，2020年底前完成）

7. 整合优化涉及跨地区、跨部门、跨层级的事项办理流程，实现一张清单告知、一张表单申报、一个标准受理、一个平台流转。（各地区和国务院有关部门负责，2020年底前完成）

（四）融合线上线下服务。

8. 推动政务服务事项清单、办事指南、办理状态等相关信息在政务服务平台、移动终端、实体大厅、政府网站和第三方互联网入口等服务渠道同源发布。（各地区和国务院有关部门负责，2020年底前完成；试点地区、部门2019年底前完成）

9. 依托全国一体化在线政务服务平台，推进线上线下深度融合，逐步实现线上线下一套服务标准、一个办理平台。推动政务服务平台和便民服务站点向乡镇（街道）、村（社区）延伸。（各地区和国务院有关部门负责，2022年底前完成；试点地

区、部门2020年底前完成）

（五）推广移动政务服务。

10.以公安、人力资源社会保障、教育、卫生健康、民政、住房城乡建设等领域为重点，积极推进覆盖范围广、应用频率高的政务服务事项向移动端延伸，推动实现更多政务服务事项“掌上办”、“指尖办”。（各地区和国务院有关部门负责，2020年底前完成）

11.加快建设国家政务服务平台移动端，接入各省（自治区、直辖市）和国务院有关部门移动端服务资源，提供分级运营、协同联动的全国一体化在线政务服务平台移动端服务。（国务院办公厅牵头，各地区和国务院有关部门负责，2019年底前完成）

12.制定全国一体化在线政务服务平台移动端建设指引，明确功能定位、设计展现、应用接入、安全防护、运营保障等内容和要求，指导各地区和国务院有关部门集约建设、规范管理。（国务院办公厅牵头，2019年底前完成）

（六）统一网络支撑。

13.各级政务服务平台原则上统一依托国家电子政务外网构建，通过部署在互联网上的政务服务门户提供服务。（各地区和国务院有关部门负责，2019年底前完成）

14.拓展国家电子政务外网覆盖范围，推动各地区和国务院有关部门非涉密业务专网与电子政务外网对接整合。（国务院办公厅、国家发展改革委牵头，各地区和国务院有关部门负责，2020年底前完成）

（七）统一身份认证。

15.国家政务服务平台基于自然人身份信息、法人单位信息等国家认证资源，建设全国统一身份认证系统。（国务院办公厅、公安部、市场监管总局等部门负责，2019年底前完成）

16.各地区和国务院有关部门统一利用国家政务服务平台认证能力，按照标准建设完善可信凭证和单点登录系统，解决企业和群众办事在不同地区和部门平台重复注册验证等问题，实现“一次认证、全网通办”。各地区各部门已建身份认证系统按照相关规范对接国家政务服务平台统一身份认证系统。（各地区和国务院有关部门负责，2020年底前完成；试点地区、部门2019年底前完成）

（八）统一电子印章。

17.应用基于商用密码的数字签名等技术，借鉴二代身份证等制发和管理经验，

依托国家政务服务平台建设权威、规范、可信的国家统一电子印章系统。(国务院办公厅负责，2019年底前完成)

18.制定政务服务领域电子印章管理办法，规范电子印章全流程管理。(国务院办公厅、公安部牵头，2019年底前完成)

19.各地区和国务院有关部门使用国家统一电子印章制章系统制发电子印章。未建立电子印章用章系统的按照国家电子印章技术规范建立，已建电子印章用章系统的按照相关规范对接。(各地区和国务院有关部门负责，2020年底前完成；试点地区、部门2019年底前完成)

(九)统一电子证照。

20.借鉴二代身份证等制发和管理经验，建成国家政务服务平台电子证照共享服务系统，支撑电子证照跨地区、跨部门共享。(国务院办公厅牵头，各地区和国务院有关部门负责，2019年底前完成)

21.各地区和国务院有关部门按照国家电子证照业务技术规范制作和管理电子证照，通过电子印章用章系统加盖电子印章或加签数字签名，实现全国互信互认。(各地区和国务院有关部门负责，2020年底前完成；试点地区、部门2019年底前完成)

(十)统一数据共享。

22.国家人口、法人、信用、地理信息等基础资源库和全国投资项目在线审批监管平台、公共资源交易平台等专项领域国家重点信息系统与国家政务服务平台实现对接。(国务院办公厅牵头，国家发展改革委、公安部、自然资源部、市场监管总局等国务院有关部门按职责分工负责，2018年底前完成)

23.实现国务院部门垂直业务办理系统依托国家政务服务平台向各级政务服务平台共享数据。(国务院有关部门负责，2020年底前完成)

24.国家政务服务平台统一受理各省(自治区、直辖市)和国务院有关部门提出的政务服务数据共享需求，提供服务。发挥国家数据共享交换平台作为国家政务服务平台的基础设施和数据交换通道作用，满足全国一体化在线政务服务平台数据共享需求。(国务院办公厅、国家发展改革委牵头，各地区和国务院有关部门负责，2020年底前完成)

25.建设国家政务服务平台数据资源中心，汇聚各地区和国务院有关部门政务服务数据，开展全国政务服务态势分析，提供政务大数据服务。(国务院办公厅牵头，各地区和国务院有关部门负责，2019年底前完成)

（十一）健全标准规范。

26.制定完善全国一体化在线政务服务平台总体框架、数据、应用、运营、安全、管理等标准规范。加强政务服务平台标准规范宣传培训、应用推广和贯彻实施，总结推广平台建设经验做法和应用案例（国务院办公厅、工业和信息化部、国家标准委牵头，2018年9月底前印发国家政务服务平台统一政务服务门户、政务服务事项编码、统一身份认证、统一电子印章、统一电子证照、统一数据共享等第一批工程建设标准规范，2018年底前印发国家政务服务平台安全保障、运营管理、数据分析等第二批工程建设标准规范；国家标准委牵头会同有关方面制定全国一体化在线政务服务平台建设管理急需的基础性国家标准，2019年底前基本建立全国一体化在线政务服务平台标准规范体系）。

（十二）加强安全保障。

27.建立全国一体化在线政务服务平台安全保障协调联动工作机制，制定完善应急预案，构建全方位、多层次、一致性的防护体系（国务院办公厅牵头，各地区和国务院有关部门负责，2019年底前基本完成）。

28.制定全国一体化在线政务服务平台数据安全管理办法，加强对涉及国家利益、公共安全、商业秘密、个人隐私等重要信息的保护和管理，加强政务大数据安全管理（国务院办公厅、国家网信办、公安部负责，2019年底前完成）。

（十三）强化咨询投诉。

29.各地区和国务院有关部门建设完善政务服务平台专业咨询投诉系统，与各类政务热线做好对接，开展全程监督、评价、投诉并及时反馈。（各地区和国务院有关部门负责，2019年底前完成）

30.建设国家政务服务平台咨询投诉系统，与各地区和国务院有关部门协同处理，形成上下覆盖、部门联动、标准统一的政务服务咨询投诉体系（国务院办公厅牵头，各地区和国务院有关部门负责，2020年底前完成）。

（十四）加强评估评价。

31.建设国家政务服务平台网上评估系统，建立政务服务评估指标体系，对各地区和国务院有关部门政务服务平台进行在线评估。建立完善各级政务服务平台网上评估评价系统，以评估评价强化常态化监督（国务院办公厅牵头，各地区和国务院有关部门负责，2019年底前完成）。

（十五）完善法规制度。

32.制修订全国一体化在线政务服务平台建设运营急需的电子印章、电子证照、电子档案等方面的法规、规章（司法部会同国家发展改革委、公安部、国家档案局等相关部门负责，2020年底前完成）。

（十六）加强培训交流。

33.围绕业务应用、技术体系、运营管理、安全保障、标准规范等定期组织开展培训。加强对各地区和国务院有关部门政务服务平台建设管理经验的宣传推广。持续深入开展全国一体化在线政务服务平台建设管理专项试点、区域试点，做好试点成果转化推广（国务院办公厅牵头，各地区和国务院有关部门负责，2019年底前完成并持续推进）。

住房和城乡建设部政府信息公开实施办法

（修　订）

第一章　总　　则

第一条　为推进和规范住房和城乡建设部政府信息公开工作，保障公民、法人和其他组织依法获取政府信息，提高政府工作透明度，建设法治政府，依据《中华人民共和国政府信息公开条例》和有关法规、规定，结合住房和城乡建设部工作实际，制定本办法。

第二条　本办法适用于住房和城乡建设部机关（以下简称部机关）在履行行政管理职能和提供公共服务过程中，依法向社会公众以及管理、服务对象公开相关政府信息的活动。

本办法所称政府信息，是指部机关在履行职责过程中制作或者获取的，以一定形式记录、保存的信息。

第三条　住房和城乡建设部政务公开领导小组负责领导和协调部政府信息公开工作，审定相关制度，研究解决信息公开工作中的重大问题。

住房和城乡建设部政务公开领导小组办公室（以下简称部公开办）负责部机关政府信息公开的日常工作，具体职能是：

（一）组织办理部机关的政府信息公开事宜；

（二）组织维护和更新部机关公开的政府信息；

（三）组织编制部机关的政府信息公开相关制度、政府信息公开指南、政府信息公开目录和政府信息公开年度报告；

（四）组织部机关各单位对拟公开的政府信息进行审查；

（五）部机关规定的与政府信息公开有关的其他职能。

第四条　政府信息公开是住房和城乡建设部的一项基本工作制度，部机关各单位主要负责人负责本单位政府信息公开工作的组织领导，综合处长或办公室主任负责本单位政府信息公开相关事宜的具体组织协调。

第五条　部机关公开政府信息，应当坚持以公开为常态、不公开为例外，遵循公正、公平、合法、便民的原则。

第六条　部机关应当及时、准确地公开政府信息。部机关发现影响或者可能影响社会稳定、扰乱社会和行业管理秩序的虚假或者不完整信息的，应当通过部新闻办公室发布准确的政府信息予以澄清。

第七条　部机关应当建立健全政府信息发布协调机制。各单位拟发布涉及部内其他司局或其他机关的政府信息，应当进行协商、确认，保证发布的信息准确一致。

部机关各单位发布政府信息依照法律、行政法规和国家有关规定需要批准的，经批准予以公开。

第八条　部机关应当编制、公布并及时更新政府信息公开指南和政府信息公开目录，加强政府信息资源的规范化、标准化、信息化管理，加强政府信息公开平台建设。

第二章　公开的主体和范围

第九条　以下政府信息由住房和城乡建设部负责公开：

（一）住房和城乡建设部独立制作的政府信息；

（二）住房和城乡建设部牵头制作的政府信息；

（三）住房和城乡建设部保存的，直接从公民、法人和其他组织获取的政府信息。但住房和城乡建设部从其他行政机关获取的政府信息，由制作或最初获取该政府信息的行政机关负责公开。法律、法规对政府信息公开的权限另有规定的，从其规定。

第十条　住房和城乡建设部公开政府信息，采取主动公开和依申请公开的方式。

第十一条　下列信息不予公开：

（一）依法确定为国家秘密的政府信息，法律、行政法规禁止公开的政府信息，以及公开后可能危及国家安全、公共安全、经济安全和社会稳定的；

（二）涉及商业秘密、个人隐私等公开会对第三方合法权益造成损害的；但是，第三方同意公开或者不公开会对公共利益造成重大影响的，予以公开；

（三）住房和城乡建设部的内部事务信息，包括人事管理、后勤管理、内部工作流程等方面的信息；

（四）住房和城乡建设部机关在履行行政管理职能过程中形成的讨论记录、过程稿、磋商信函、请示报告等过程性信息和行政执法案卷信息，但法律法规和国家有关规定上述信息应当公开的，从其规定；

（五）法律、法规规定其他不得公开的信息。

第十二条　部机关各单位在拟公开政府信息前，应当依照《中华人民共和国保守国家秘密法》以及其他法律、法规和国家有关规定，对拟公开的政府信息进行审查。

不能确定政府信息是否可以公开的，应当依照法律、法规和国家有关规定报有关主管部门或者保密行政管理部门确定。

第十三条　住房和城乡建设部根据政府信息依申请公开情况对不予公开的政府信息进行定期评估审查，建立健全政府信息管理动态调整机制，及时公开因情势变化可以公开的政府信息。

第三章　主动公开

第十四条　对涉及公众利益调整、需要公众广泛知晓或者需要公众参与决策的政府信息，部机关应当主动公开。

第十五条　部机关应当根据本办法第十四条的规定，主动公开下列政府信息：

（一）政府信息公开指南和政府信息公开目录，包括政府信息的分类、编排体系、获取方式和政府信息公开工作机构的名称，以及政府信息的索引、名称、内容概述、生成日期等内容；

（二）机关职能、机构设置、办公地址、办公时间、联系方式、负责人姓名、工作分工；

（三）部门规章类：住房和城乡建设部制定或者联合其他部门制定的部门规章；

（四）发展规划和产业政策类：住房和城乡建设事业中长期发展规划，有关专项发展规划，产业政策、发展战略，以及依法应当公开的部工作计划等；

（五）管理政策类：部机关制定印发的规范性文件；

（六）行政执法类：行政处罚、行政强制、行政许可、行政检查等执法行为主体、职责、权限、依据、程序、救济渠道及执法决定的执法机关、对象、结论，涉敏感信息的除外；

（七）工程建设标准规范类：发布工程建设标准规范的公告及文告；

（八）统计数据类：依法应当公开的住房和城乡建设行业相关统计数据信息；

（九）工作动态类：依法应当公开的工作动态信息；

（十）财政预算、决算信息；

（十一）行政事业性收费项目及其依据、标准；

（十二）部机关集中采购项目的目录、标准实施情况；

（十三）扶贫、教育等方面的政策、措施及其实施情况；

（十四）公务员招考的职位、名额、报考条件等事项以及录用结果；

（十五）法律、法规、规章和国家有关规定应当主动公开的其他政府信息。

第十六条　对属于主动公开范围的信息，应当采取符合该信息特点、便于公众及时准确获得的以下一种或几种方式予以公开：

（一）住房和城乡建设部门户网站；

（二）中国建设报；

（三）住房和城乡建设部文告；

（四）新闻发布会、新闻通气会、记者招待会；

（五）中央主要新闻媒体；

（六）国家规定的其他政务媒体。

其中，住房和城乡建设部门户网站是信息公开的主渠道。

第十七条　属于主动公开范围的政府信息，应当自该政府信息形成或者变更之日起20个工作日内及时公开。法律、法规对政府信息公开的期限另有规定的，从其规定。

第十八条　主动公开政府信息应当按照下列程序进行：

（一）主办单位在核签《住房和城乡建设部发文审核单》时，同时审签《住房和城乡建设部政府信息公开审查表》。由拟稿人对拟制的政府信息进行审查，明确公开属性，随公文一并报批，拟不公开的，要说明理由。对拟不公开的政策性文件，报批前应送部公开办审查。《住房和城乡建设部政府信息公开审查表》应与《住房和城乡建设部发文稿纸》一并报办公厅（秘书处）审核。

（二）办公厅（秘书处）在核稿时，审查主办单位是否已填写《住房和城乡建设部政府信息公开审查表》。

（三）文件印制完成后，主办单位应于10个工作日内将核签的《住房和城乡建设部政府信息公开审查表》原件及该政府信息的正式文本（含电子版）交部公开办。未经部公开办审查同意公开的公文，主办单位不得向社会发布。

部公开办定期向部领导报送有关情况。

（四）对可以公开的政府信息，部公开办按规定对信息进行分类、编码、标注后，由信息中心上传至部门户网站“信息公开专栏”。

第十九条　工程建设标准、定额管理信息，由标准定额司按照工程建设标准管理的有关规定予以公开。

第二十条　住房和城乡建设部按照国务院统一部署，不断增加主动公开的内容。

第四章　依申请公开

第二十一条　公民、法人或者其他组织申请获取政府信息的，应当采用书面形式向部公开办提出，按照“一事一申请”的原则填写并提交《住房和城乡建设部政府信息公开申请表》，一个政府信息公开申请表只对应一个政府信息项目；采用书面形式确有困难的，申请人可以口头提出，由部公开办代为填写政府信息公开申请。

两个（含）以上申请人申请公开同一条政府信息的，可以填写提交一份申请表。政府信息公开申请应当包括下列内容：

（一）申请人的姓名或者单位名称、身份证明、营业执照、联系方式，代为申请的还需提交代理人的姓名、身份证明、联系方式以及由申请人签署的授权委托书，每张申请表均须申请人在签字栏签字确认；

（二）申请公开的政府信息的名称、文号或者便于行政机关查询的其他特征性描述；

（三）申请公开的政府信息的形式要求，包括获取信息的方式、途径。

《住房和城乡建设部政府信息公开申请表》可以到住房和城乡建设部指定场所领取或自行复制，也可以从住房和城乡建设部门户网站下载。

第二十二条　部机关收到政府信息公开申请的时间，按照下列规定确定：

（一）申请人当面提交政府信息公开申请的，以提交之日为收到申请之日；

（二）申请人以邮寄方式提交政府信息公开申请的，以行政机关签收之日为收到申请之日；

（三）以平常信函等无需签收的邮寄方式提交政府信息公开申请的，部公开办应当于收到申请的当日与申请人确认，确认之日为收到申请之日；

（四）申请人通过其他方式提交政府信息公开申请的，以双方确认之日为收到申请之日。

第二十三条　部公开办收到申请后，应当进行审查，对符合要求的，予以受理。对申请内容不明确的，部公开办应自收到申请之日7个工作日内一次性告知申请人作出补正，说明需要补正的事项和合理的补正期限。答复期限自部公开办收到补正的申请之日起计算。申请人无正当理由逾期不补正的，视为放弃申请，部机关不再处理该政府信息公开申请。

第二十四条　依申请公开的政府信息公开会损害第三方合法权益的，部机关应当书面征求第三方的意见。第三方应当自收到征求意见书之日起15个工作日内提出意见。第三方逾期未提出意见的，由部机关依照本条例的规定决定是否公开。第三方不同意公开且有合理理由的，部机关不予公开。部机关认为不公开可能对公共利益造成重大影响的，予以公开，并将决定公开的政府信息内容和理由书面告知第三方。

第二十五条　申请公开的政府信息由住房和城乡建设部牵头制作的，部机关应该征求其他行政机关意见，其他行政机关在收到征求意见书之日起15个工作日内未提出意见，则视为其他行政机关同意公开相应的政府信息。部机关应按照相关法律法规的规定决定是否予以公开。

第二十六条　部公开办收到政府信息公开申请，能够当场答复的，应当当场予以答复；不能当场答复的，应当自收到申请之日起20个工作日内予以答复；如需延长答复期限，应当告知申请人，延长答复的期限不得超过20个工作日。

部机关征求第三方和其他机关意见所需时间不计算在前款规定的期限内。

第二十七条　对申请人提出的政府信息公开申请，按照以下程序办理：

（一）部公开办对信息公开申请进行登记；

（二）部公开办根据信息内容和部机关各单位职责分工确定主办单位，在3个工作日内将《政府信息公开申请转送单》和《住房和城乡建设部依申请公开政府信息审查表》送主办单位；

（三）主办单位一般要在3个工作日内，对政府信息公开申请提出处理意见，经单位主要负责同志核签后送部公开办；

（四）部公开办一般应在2个工作日内根据主办单位处理意见答复申请人。对于涉及重大、敏感问题的政府信息公开申请，部公开办答复申请人前，告知书应经部保密办会签。

第二十八条　申请人申请公开政府信息的数量、频次明显超出合理范围，部公开办可以要求申请人说明理由。部公开办认为申请理由不合理的，告知申请人不予处理；部公开办认为申请理由合理，但是无法在《中华人民共和国政府信息公开条例》第三十三条规定的期限内答复申请人的，可以确定延迟答复的合理期限并告知申请人。

第二十九条　部机关各单位对申请公开的政府信息提出是否公开意见时，应根据不同情况分别进行处理：

（一）所申请公开信息已经主动公开的，告知申请人获取该政府信息的方式、途径；

（二）所申请公开信息可以公开的，向申请人提供该政府信息，或者告知申请人获取该政府信息的方式、途径和时间；

（三）依据《中华人民共和国政府信息公开条例》和本办法第十一条的规定决定不予公开的，告知申请人不予公开并说明理由；

（四）经检索没有所申请公开信息的，告知申请人该政府信息不存在；

（五）所申请公开信息不属于住房和城乡建设部负责公开或需另行制作的，告知申请人无法提供并说明理由；能够确定负责公开该政府信息的行政机关的，告知申请人该行政机关的名称、联系方式；

（六）已就申请人提出的政府信息公开申请作出答复、申请人重复申请公开相同政府信息的，告知申请人不予重复处理；

（七）所申请公开信息属于工商、不动产登记资料等信息，有关法律、法规对信息的获取有特别规定的，告知申请人依照有关法律、法规的规定处理；

（八）所申请公开信息补正仍不明确的，告知申请人无法提供；

（九）所申请公开信息名实不副、非正常申请、确认已获取信息的，告知申请人不予处理；

（十）所申请公开信息属于公开出版物的，告知申请人不予处理。

第三十条　申请公开的信息中含有不应当公开或者不属于政府信息的内容，但是能够作区分处理的，部机关应当向申请人提供可以公开的政府信息内容，并对不予公开的内容说明理由。

第三十一条　向申请人提供的信息，应当是已制作或者获取的政府信息。除本办法第三十条规定能够做区分处理的外，需要部机关对现有政府信息进行汇总、加工、分析或重新制作的，部公开办可以不予提供。

第三十二条　申请人以政府信息公开申请的形式进行信访、咨询、投诉、举报、侮辱等活动，应当告知申请人不作为政府信息公开申请处理并可以告知通过相应渠道提出。

第三十三条　部机关依申请提供政府信息，不收取费用。但是申请人申请公开政府信息的数量、频次明显超过合理范围的，部机关可以按国家有关规定收取信息处理费。

第三十四条　申请公开政府信息的公民存在阅读困难或者视听障碍的，部机关应当为其提供必要的帮助。

第三十五条　多个申请人就相同政府信息向部机关提出公开申请，且该政府信息经评估审查属于可以公开的，部机关可以纳入主动公开的范围。

对部机关依申请公开的政府信息，申请人认为涉及公众利益调整、需要公众广泛知晓或者需要公众参与决策的，可以建议部机关将该信息纳入主动公开的范围。部公开办经评估审查认为可以主动公开的，应当及时主动公开。

第五章　监督和保障

第三十六条　部机关应当建立健全政府信息公开工作考核制度、评议制度和责任追究制度，定期对政府信息公开工作进行考核、评议。

第三十七条　部公开办应当加强对政府信息公开工作的日常指导和监督检查。

第三十八条　部公开办应当对政府信息公开工作人员定期进行培训。

第三十九条　部公开办应当每年1月31日前向社会公布上一年度政府信息公开工作年度报告。

第四十条　政府信息公开工作年度报告应当包括下列内容：

（一）住房和城乡建设部主动公开政府信息的情况；

（二）部公开办收到和处理政府信息公开申请的情况；

（三）因政府信息公开工作被申请行政复议、提起行政诉讼的情况；

（四）政府信息公开工作存在的主要问题及改进情况；

（五）其他需要报告的事项。

第四十一条　公民、法人或者其他组织认为在政府信息公开工作中侵犯其合法权益的，可以依法申请行政复议或者提起行政诉讼。

第四十二条　公民、法人和其他组织有权对部机关的政府信息公开工作进行监督，并提出批评和建议。

第四十三条　政府信息公开工作所需经费纳入部年度预算，以保障政府信息公开工作的正常开展。

第四十四条　部机关有关单位违反《中华人民共和国政府信息公开条例》《中国共产党纪律处分条例》和本办法规定，有下列情形之一的，由住房和城乡建设部政务公开领导小组给予批评教育并限期整改；情节严重的，对单位直接负责的主管人员和其他直接责任人依法予以处分；构成犯罪的，依法追究刑事责任：

（一）不依法履行政府信息公开职能的；

（二）不及时更新公开的政府信息内容、政府信息公开指南和政府信息公开目录的；

（三）违反规定收取费用的；

（四）通过其他组织、个人以有偿服务方式提供政府信息的；

（五）公开不应当公开的政府信息的；

（六）违反《中华人民共和国政府信息公开条例》和本办法规定的其他行为的。

第六章 附 则

第四十五条 已经移交档案馆的政府信息的管理，依照有关档案管理的法律、行政法规和国家有关规定执行。

第四十六条 本办法由住房和城乡建设部政务公开领导小组负责解释。

第四十七条 本办法自印发之日起实施。

住房和城乡建设部等部门关于加快新型建筑工业化发展的若干意见

各省、自治区、直辖市住房和城乡建设厅（委、管委）、教育厅（委）、科技厅（委、局）、工业和信息化主管部门、自然资源主管部门、生态环境厅（局），人民银行上海总部、各分行、营业管理部、省会（首府）城市中心支行、副省级城市中心支行，市场监管局（厅、委），各银保监局，新疆生产建设兵团住房和城乡建设局、教育局、科技局、工业和信息化局、自然资源主管部门、生态环境局、市场监管局：

新型建筑工业化是通过新一代信息技术驱动，以工程全寿命期系统化集成设计、精益化生产施工为主要手段，整合工程全产业链、价值链和创新链，实现工程建设高效益、高质量、低消耗、低排放的建筑工业化。《国务院办公厅关于大力发展装配式建筑的指导意见》（国办发〔2016〕71号）印发实施以来，以装配式建筑为代表的新型建筑工业化快速推进，建造水平和建筑品质明显提高。为全面贯彻新发展理念，推动城乡建设绿色发展和高质量发展，以新型建筑工业化带动建筑业全面转型升级，打造具有国际竞争力的“中国建造”品牌，提出以下意见。

一、加强系统化集成设计

（一）推动全产业链协同。推行新型建筑工业化项目建筑师负责制，鼓励设计单位提供全过程咨询服务。优化项目前期技术策划方案，统筹规划设计、构件和部品部件生产运输、施工安装和运营维护管理。引导建设单位和工程总承包单位以建筑最终产品和综合效益为目标，推进产业链上下游资源共享、系统集成和联动发展。

（二）促进多专业协同。通过数字化设计手段推进建筑、结构、设备管线、装修等多专业一体化集成设计，提高建筑整体性，避免二次拆分设计，确保设计深度符合生产和施工要求，发挥新型建筑工业化系统集成综合优势。

（三）推进标准化设计。完善设计选型标准，实施建筑平面、立面、构件和部品部件、接口标准化设计，推广少规格、多组合设计方法，以学校、医院、办公楼、酒店、住宅等为重点，强化设计引领，推广装配式建筑体系。

（四）强化设计方案技术论证。落实新型建筑工业化项目标准化设计、工业化建造与建筑风貌有机统一的建筑设计要求，塑造城市特色风貌。在建筑设计方案审查阶段，加强对新型建筑工业化项目设计要求落实情况的论证，避免建筑风貌千篇一律。

二、优化构件和部品部件生产

（五）推动构件和部件标准化。编制主要构件尺寸指南，推进型钢和混凝土构件以及预制混凝土墙板、叠合楼板、楼梯等通用部件的工厂化生产，满足标准化设计选型要求，扩大标准化构件和部品部件使用规模，逐步降低构件和部件生产成本。

（六）完善集成化建筑部品。编制集成化、模块化建筑部品相关标准图集，提高整体卫浴、集成厨房、整体门窗等建筑部品的产业配套能力，逐步形成标准化、系列化的建筑部品供应体系。

（七）促进产能供需平衡。综合考虑构件、部品部件运输和服务半径，引导产能合理布局，加强市场信息监测，定期发布构件和部品部件产能供需情况，提高产能利用率。

（八）推进构件和部品部件认证工作。编制新型建筑工业化构件和部品部件相关技术要求，推行质量认证制度，健全配套保险制度，提高产品配套能力和质量水平。

（九）推广应用绿色建材。发展安全健康、环境友好、性能优良的新型建材，推进绿色建材认证和推广应用，推动装配式建筑等新型建筑工业化项目率先采用绿色建材，逐步提高城镇新建建筑中绿色建材应用比例。

三、推广精益化施工

（十）大力发展钢结构建筑。鼓励医院、学校等公共建筑优先采用钢结构，积极推进钢结构住宅和农房建设。完善钢结构建筑防火、防腐等性能与技术措施，加大热轧H型钢、耐候钢和耐火钢应用，推动钢结构建筑关键技术和相关产业全面发展。

（十一）推广装配式混凝土建筑。完善适用于不同建筑类型的装配式混凝土建筑结构体系，加大高性能混凝土、高强钢筋和消能减震、预应力技术的集成应用。在保障性住房和商品住宅中积极应用装配式混凝土结构，鼓励有条件的地区全面推广应用预制内隔墙、预制楼梯板和预制楼板。

（十二）推进建筑全装修。装配式建筑、星级绿色建筑工程项目应推广全装修，积极发展成品住宅，倡导菜单式全装修，满足消费者个性化需求。推进装配化装修方式在商品住房项目中的应用，推广管线分离、一体化装修技术，推广集成化模块化建筑部品，提高装修品质，降低运行维护成本。

（十三）优化施工工艺工法。推行装配化绿色施工方式，引导施工企业研发与精益化施工相适应的部品部件吊装、运输与堆放、部品部件连接等施工工艺工法，推广应用钢筋定位钢板等配套装备和机具，在材料搬运、钢筋加工、高空焊接等环节提升现场施工工业化水平。

（十四）创新施工组织方式。完善与新型建筑工业化相适应的精益化施工组织方式，推广设计、采购、生产、施工一体化模式，实行装配式建筑装饰装修与主体结构、机电设备协同施工，发挥结构与装修穿插施工优势，提高施工现场精细化管理水平。

（十五）提高施工质量和效益。加强构件和部品部件进场、施工安装、节点连接灌浆、密封防水等关键部位和工序质量安全管控，强化对施工管理人员和一线作业人员的质量安全技术交底，通过全过程组织管理和技术优化集成，全面提升施工质量和效益。

四、加快信息技术融合发展

（十六）大力推广建筑信息模型（BIM）技术。加快推进BIM技术在新型建筑工业化全寿命期的一体化集成应用。充分利用社会资源，共同建立、维护基于BIM技术的标准化部品部件库，实现设计、采购、生产、建造、交付、运行维护等阶段的信息互联互通和交互共享。试点推进BIM报建审批和施工图BIM审图模式，推进与城市信息模型（CIM）平台的融通联动，提高信息化监管能力，提高建筑行业全产业链资源配置效率。

（十七）加快应用大数据技术。推动大数据技术在工程项目管理、招标投标环节和信用体系建设中的应用，依托全国建筑市场监管公共服务平台，汇聚整合和分析相关企业、项目、从业人员和信用信息等相关大数据，支撑市场监测和数据分析，提高建筑行业公共服务能力和监管效率。

（十八）推广应用物联网技术。推动传感器网络、低功耗广域网、5G、边缘计算、射频识别（RFID）及二维码识别等物联网技术在智慧工地的集成应用，发展可穿戴设备，提高建筑工人健康及安全监测能力，推动物联网技术在监控管理、节能减排和智能建筑中的应用。

（十九）推进发展智能建造技术。加快新型建筑工业化与高端制造业深度融合，搭建建筑产业互联网平台。推动智能光伏应用示范，促进与建筑相结合的光伏发电系统应用。开展生产装备、施工设备的智能化升级行动，鼓励应用建筑机器人、工业机器人、智能移动终端等智能设备。推广智能家居、智能办公、楼宇自动化系统，提升建筑的便捷性和舒适度。

五、创新组织管理模式

（二十）大力推行工程总承包。新型建筑工业化项目积极推行工程总承包模式，促进设计、生产、施工深度融合。引导骨干企业提高项目管理、技术创新和资源配置能力，培育具有综合管理能力的工程总承包企业，落实工程总承包单位的主体责任，保障工程总承包单位的合法权益。

（二十一）发展全过程工程咨询。大力发展以市场需求为导向、满足委托方多样化需求的全过程工程咨询服务，培育具备勘察、设计、监理、招标代理、造价等业务能力的全过程工程咨询企业。

（二十二）完善预制构件监管。加强预制构件质量管理，积极采用驻厂监造制度，实行全过程质量责任追溯，鼓励采用构件生产企业备案管理、构件质量飞行检查等手段，建立长效机制。

（二十三）探索工程保险制度。建立完善工程质量保险和担保制度，通过保险的风险事故预防和费率调节机制帮助企业加强风险管控，保障建筑工程质量。

（二十四）建立使用者监督机制。编制绿色住宅购房人验房指南，鼓励将住宅绿色性能和全装修质量相关指标纳入商品房买卖合同、住宅质量保证书和住宅使用说明书，明确质量保修责任和纠纷处理方式，保障购房人权益。

六、强化科技支撑

（二十五）培育科技创新基地。组建一批新型建筑工业化技术创新中心、重点实验室等创新基地，鼓励骨干企业、高等院校、科研院所等联合建立新型建筑工业化产业技术创新联盟。

（二十六）加大科技研发力度。大力支持BIM底层平台软件的研发，加大钢结构住宅在围护体系、材料性能、连接工艺等方面的联合攻关，加快装配式混凝土结构灌浆质量检测和高效连接技术研发，加强建筑机器人等智能建造技术产品研发。

（二十七）推动科技成果转化。建立新型建筑工业化重大科技成果库，加大科技成果公开，促进科技成果转化应用，推动建筑领域新技术、新材料、新产品、新工艺创新发展。

七、加快专业人才培育

（二十八）培育专业技术管理人才。大力培养新型建筑工业化专业人才，壮大设计、生产、施工、管理等方面人才队伍，加强新型建筑工业化专业技术人员继续教育，鼓励企业建立首席信息官（CIO）制度。

（二十九）培育技能型产业工人。深化建筑用工制度改革，完善建筑业从业人员技能水平评价体系，促进学历证书与职业技能等级证书融通衔接。打通建筑工人职业化发展道路，弘扬工匠精神，加强职业技能培训，大力培育产业工人队伍。

（三十）加大后备人才培养。推动新型建筑工业化相关企业开展校企合作，支持校企共建一批现代产业学院，支持院校对接建筑行业发展新需求、新业态、新技术，开设装配式建筑相关课程，创新人才培养模式，提供专业人才保障。

八、开展新型建筑工业化项目评价

（三十一）制定评价标准。建立新型建筑工业化项目评价技术指标体系，重点突出信息化技术应用情况，引领建筑工程项目不断提高劳动生产率和建筑品质。

（三十二）建立评价结果应用机制。鼓励新型建筑工业化项目单位在项目竣工后，按照评价标准开展自评价或委托第三方评价，积极探索区域性新型建筑工业化系统评价，评价结果可作为奖励政策重要参考。

九、加大政策扶持力度

（三十三）强化项目落地。各地住房和城乡建设部门要会同有关部门组织编制新型建筑工业化专项规划和年度发展计划，明确发展目标、重点任务和具体实施范围。要加大推进力度，在项目立项、项目审批、项目管理各环节明确新型建筑工业化的鼓励性措施。政府投资工程要带头按照新型建筑工业化方式建设，鼓励支持社会投资项目采用新型建筑工业化方式。

（三十四）加大金融扶持。支持新型建筑工业化企业通过发行企业债券、公司债券等方式开展融资。完善绿色金融支持新型建筑工业化的政策环境，积极探索多元化绿色金融支持方式，对达到绿色建筑星级标准的新型建筑工业化项目给予绿色金融支持。用好国家绿色发展基金，在不新增隐性债务的前提下鼓励各地设立专项基金。

（三十五）加大环保政策支持。支持施工企业做好环境影响评价和监测，在重污染天气期间，装配式等新型建筑工业化项目在非土石方作业的施工环节可以不停工。建立建筑垃圾排放限额标准，开展施工现场建筑垃圾排放公示，鼓励各地对施工现场达到建筑垃圾减量化要求的施工企业给予奖励。

（三十六）加强科技推广支持。推动国家重点研发计划和科研项目支持新型建筑工业化技术研发，鼓励各地优先将新型建筑工业化相关技术纳入住房和城乡建设领域推广应用技术公告和科技成果推广目录。

（三十七）加大评奖评优政策支持。将城市新型建筑工业化发展水平纳入中国人居环境奖评选、国家生态园林城市评估指标体系。大力支持新型建筑工业化项目参与绿色建筑创新奖评选。

中华人民共和国住房和城乡建设部
中华人民共和国教育部
中华人民共和国科学技术部
中华人民共和国工业和信息化部
中华人民共和国自然资源部
中华人民共和国生态环境部
中国人民银行
国家市场监督管理总局
中国银行保险监督管理委员会
2020年8月28日

关于推进建筑信息模型应用的指导意见

为贯彻《关于印发2011—2015年建筑业信息化发展纲要的通知》(建质〔2011〕67号)和《住房城乡建设部关于推进建筑业发展和改革的若干意见》(建市〔2014〕92号)的有关工作部署，现就推进建筑信息模型(Building Information Modeling，以下简称BIM)的应用提出以下意见。

一、BIM在建筑领域应用的重要意义

BIM是在计算机辅助设计(CAD)等技术基础上发展起来的多维模型信息集成技术，是对建筑工程物理特征和功能特性信息的数字化承载和可视化表达。

BIM能够应用于工程项目规划、勘察、设计、施工、运营维护等各阶段，实现建筑全生命期各参与方在同一多维建筑信息模型基础上的数据共享，为产业链贯通、工业化建造和繁荣建筑创作提供技术保障；支持对工程环境、能耗、经济、质量、安全等方面的分析、检查和模拟，为项目全过程的方案优化和科学决策提供依据；支持各专业协同工作、项目的虚拟建造和精细化管理，为建筑业的提质增效、节能环保创造条件。

信息化是建筑产业现代化的主要特征之一，BIM应用作为建筑业信息化的重要组成部分，必将极大地促进建筑领域生产方式的变革。

目前，BIM在建筑领域的推广应用还存在着政策法规和标准不完善、发展不平衡、本土应用软件不成熟、技术人才不足等问题，有必要采取切实可行的措施，推进BIM在建筑领域的应用。

二、指导思想与基本原则

(一)指导思想。

以工程建设法律法规、技术标准为依据，坚持科技进步和管理创新相结合，在建筑领域普及和深化BIM应用，提高工程项目全生命期各参与方的工作质量和效率，保障工程建设优质、安全、环保、节能。

(二)基本原则。

1.企业主导，需求牵引。发挥企业在BIM应用中的主体作用，聚焦于工程项

目全生命期内的经济、社会和环境效益，通过BIM应用，提高工程项目管理水平，保证工程质量和综合效益。

2.行业服务，创新驱动。发挥行业协会、学会组织优势，自主创新与引进集成创新并重，研发具有自主知识产权的BIM应用软件，建立BIM数据库及信息平台，培养研发和应用人才队伍。

3.政策引导，示范推动。发挥政府在产业政策上的引领作用，研究出台推动BIM应用的政策措施和技术标准。坚持试点示范和普及应用相结合，培育龙头企业，总结成功经验，带动全行业的BIM应用。

三、发展目标

到2020年末，建筑行业甲级勘察、设计单位以及特级、一级房屋建筑工程施工企业应掌握并实现BIM与企业管理系统和其他信息技术的一体化集成应用。

到2020年末，以下新立项项目勘察设计、施工、运营维护中，集成应用BIM的项目比率达到90%：以国有资金投资为主的大中型建筑；申报绿色建筑的公共建筑和绿色生态示范小区。

四、工作重点

各级住房城乡建设主管部门要结合实际，制定BIM应用配套激励政策和措施，扶持和推进相关单位开展BIM的研发和集成应用，研究适合BIM应用的质量监管和档案管理模式。

有关单位和企业要根据实际需求制定BIM应用发展规划、分阶段目标和实施方案，合理配置BIM应用所需的软硬件。改进传统项目管理方法，建立适合BIM应用的工程管理模式。构建企业级各专业族库，逐步建立覆盖BIM创建、修改、交换、应用和交付全过程的企业BIM应用标准流程。通过科研合作、技术培训、人才引进等方式，推动相关人员掌握BIM应用技能，全面提升BIM应用能力。

（一）建设单位。

全面推行工程项目全生命期、各参与方的BIM应用，要求各参建方提供的数据信息具有便于集成、管理、更新、维护以及可快速检索、调用、传输、分析和可视化等特点。实现工程项目投资策划、勘察设计、施工、运营维护各阶段基于BIM标准的信息传递和信息共享。满足工程建设不同阶段对质量管控和工程进度、投资控制的需求。

1. 建立科学的决策机制。在工程项目可行性研究和方案设计阶段，通过建立基于BIM的可视化信息模型，提高各参与方的决策参与度。

2. 建立BIM应用框架。明确工程实施阶段各方的任务、交付标准和费用分配比例。

3. 建立BIM数据管理平台。建立面向多参与方、多阶段的BIM数据管理平台，为各阶段的BIM应用及各参与方的数据交换提供一体化信息平台支持。

4. 建筑方案优化。在工程项目勘察、设计阶段，要求各方利用BIM开展相关专业的性能分析和对比，对建筑方案进行优化。

5. 施工监控和管理。在工程项目施工阶段，促进相关方利用BIM进行虚拟建造，通过施工过程模拟对施工组织方案进行优化，确定科学合理的施工工期，对物料、设备资源进行动态管控，切实提升工程质量和综合效益。

6. 投资控制。在招标、工程变更、竣工结算等各个阶段，利用BIM进行工程量及造价的精确计算，并作为投资控制的依据。

7. 运营维护和管理。在运营维护阶段，充分利用BIM和虚拟仿真技术，分析不同运营维护方案的投入产出效果，模拟维护工作对运营带来的影响，提出先进合理的运营维护方案。

（二）勘察单位。

研究建立基于BIM的工程勘察流程与工作模式，根据工程项目的实际需求和应用条件确定不同阶段的工作内容。开展BIM示范应用。

1. 工程勘察模型建立。研究构建支持多种数据表达方式与信息传输的工程勘察数据库，研发和采用BIM应用软件与建模技术，建立可视化的工程勘察模型，实现建筑与其地下工程地质信息的三维融合。

2. 模拟与分析。实现工程勘察基于BIM的数值模拟和空间分析，辅助用户进行科学决策和规避风险。

3. 信息共享。开发岩土工程各种相关结构构件族库，建立统一数据格式标准和数据交换标准，实现信息的有效传递。

（三）设计单位。

研究建立基于BIM的协同设计工作模式，根据工程项目的实际需求和应用条件确定不同阶段的工作内容。开展BIM示范应用，积累和构建各专业族库，制定相关企业标准。

1. 投资策划与规划。在项目前期策划和规划设计阶段，基于BIM和地理信息系统（GIS）技术，对项目规划方案和投资策略进行模拟分析。

2. 设计模型建立。采用BIM应用软件和建模技术，构建包括建筑、结构、给排水、暖通空调、电气设备、消防等多专业信息的BIM模型。根据不同设计阶段任务要求，形成满足各参与方使用要求的数据信息。

3.分析与优化。进行包括节能、日照、风环境、光环境、声环境、热环境、交通、抗震等在内的建筑性能分析。根据分析结果，结合全生命期成本，进行优化设计。

4.设计成果审核。利用基于BIM的协同工作平台等手段，开展多专业间的数据共享和协同工作，实现各专业之间数据信息的无损传递和共享，进行各专业之间的碰撞检测和管线综合碰撞检测，最大限度减少错、漏、碰、缺等设计质量通病，提高设计质量和效率。

（四）施工企业。

改进传统项目管理方法，建立基于BIM应用的施工管理模式和协同工作机制。明确施工阶段各参与方的协同工作流程和成果提交内容，明确人员职责，制定管理制度。开展BIM应用示范，根据示范经验，逐步实现施工阶段的BIM集成应用。

1.施工模型建立。施工企业应利用基于BIM的数据库信息，导入和处理已有的BIM设计模型，形成BIM施工模型。

2.细化设计。利用BIM设计模型根据施工安装需要进一步细化、完善，指导建筑部品构件的生产以及现场施工安装。

3.专业协调。进行建筑、结构、设备等各专业以及管线在施工阶段综合的碰撞检测、分析和模拟，消除冲突，减少返工。

4.成本管理与控制。应用BIM施工模型，精确高效计算工程量，进而辅助工程预算的编制。在施工过程中，对工程动态成本进行实时、精确的分析和计算，提高对项目成本和工程造价的管理能力。

5.施工过程管理。应用 BIM施工模型，对施工进度、人力、材料、设备、质量、安全、场地布置等信息进行动态管理，实现施工过程的可视化模拟和施工方案的不断优化。

6.质量安全监控。综合应用数字监控、移动通讯和物联网技术，建立BIM与现场监测数据的融合机制，实现施工现场集成通讯与动态监管、施工时变结构及支撑体系安全分析、大型施工机械操作精度检测、复杂结构施工定位与精度分析等，进一步提高施工精度、效率和安全保障水平。

7.地下工程风险管控。利用基于BIM的岩土工程施工模型，模拟地下工程施工过程以及对周边环境影响，对地下工程施工过程可能存在的危险源进行分析评估，制定风险防控措施。

8.交付竣工模型。BIM竣工模型应包括建筑、结构和机电设备等各专业内容，在三维几何信息的基础上，还包含材料、荷载、技术参数和指标等设计信息，质量、安全、耗材、成本等施工信息，以及构件与设备信息等。

（五）工程总承包企业。

根据工程总承包项目的过程需求和应用条件确定BIM应用内容，分阶段（工程启动、工程策划、工程实施、工程控制、工程收尾）开展BIM应用。在综合设计、咨询服务、集成管理等建筑业价值链中技术含量高、知识密集型的环节大力推进BIM应用。优化项目实施方案，合理协调各阶段工作，缩短工期、提高质量、节省投资。实现与设计、施工、设备供应、专业分包、劳务分包等单位的无缝对接，优化供应链，提升自身价值。

1.设计控制。按照方案设计、初步设计、施工图设计等阶段的总包管理需求，逐步建立适宜的多方共享的BIM模型。使设计优化、设计深化、设计变更等业务基于统一的BIM模型，并实施动态控制。

2.成本控制。基于BIM施工模型，快速形成项目成本计划，高效、准确地进行成本预测、控制、核算、分析等，有效提高成本管控能力。

3.进度控制。基于BIM施工模型，对多参与方、多专业的进度计划进行集成化管理，全面、动态地掌握工程进度、资源需求以及供应商生产及配送状况，解决施工和资源配置的冲突和矛盾，确保工期目标实现。

4.质量安全管理。基于BIM施工模型，对复杂施工工艺进行数字化模拟，实现三维可视化技术交底；对复杂结构实现三维放样、定位和监测；实现工程危险源的自动识别分析和防护方案的模拟；实现远程质量验收。

5.协调管理。基于BIM，集成各分包单位的专业模型，管理各分包单位的深化设计和专业协调工作，提升工程信息交付质量和建造效率；优化施工现场环境和资源配置，减少施工现场各参与方、各专业之间的互相干扰。

6.交付工程总承包BIM竣工模型。工程总承包BIM竣工模型应包括工程启动、工程策划、工程实施、工程控制、工程收尾等工程总承包全过程中，用于竣工交付、资料归档、运营维护的相关信息。

（六）运营维护单位。

改进传统的运营维护管理方法，建立基于BIM应用的运营维护管理模式。建立基于BIM的运营维护管理协同工作机制、流程和制度。建立交付标准和制度，保证BIM竣工模型完整、准确地提交到运营维护阶段。

1.运营维护模型建立。可利用基于BIM的数据集成方法，导入和处理已有的BIM竣工交付模型，再通过运营维护信息录入和数据集成，建立项目BIM运营维护模型。也可以利用其他竣工资料直接建立BIM运营维护模型。

2.运营维护管理。应用BIM运营维护模型，集成BIM、物联网和GIS技术，构建综合BIM运营维护管理平台，支持大型公共建筑和住宅小区的基础设施和市政管网的信息化管理，实现建筑物业、设备、设施及其巡检维修的精细化和可视化管理，并为工程健康监测提供信息支持。

3.设备设施运行监控。综合应用智能建筑技术，将建筑设备及管线的BIM运营维护模型与楼宇设备自动控制系统相结合，通过运营维护管理平台，实现设备运行和排放的实时监测、分析和控制，支持设备设施运行的动态信息查询和异常情况快速定位。

4.应急管理。综合应用BIM运营维护模型和各类灾害分析、虚拟现实等技术，实现各种可预见灾害模拟和应急处置。

五、保障措施

（一）大力宣传BIM理念、意义、价值，通过政府投资工程招投标、工程创优评优、绿色建筑和建筑产业现代化评价等工作激励建筑领域的BIM应用。

（二）梳理、修订、补充有关法律法规、合同范本的条款规定，研究并建立基于BIM应用的工程建设项目政府监管流程；研究基于BIM的产业（企业）价值分配机制，形成市场化的工程各方应用BIM费用标准。

（三）制订有关工程建设标准和应用指南，建立BIM应用标准体系；研究建立基于BIM的公共建筑构件资源数据中心及服务平台。

（四）研究解决提升BIM应用软件数据集成水平等一系列重大技术问题；鼓励BIM应用软件产业化、系统化、标准化，支持软件开发企业自主研发适合国情的BIM应用软件；推动开发基于BIM的工程项目管理与企业管理系统。

（五）加强工程质量安全监管、施工图审查、工程监理、造价咨询以及工程档案管理等工作中的BIM应用研究，逐步将BIM融入到相关政府部门和企业的日常管理工作中。

（六）培育产、学、研、用相结合的BIM应用产业化示范基地和产业联盟；在条件具备的地区和行业，建设BIM应用示范（试点）工程。

（七）加强对企业管理人员和技术人员关于BIM应用的相关培训，在注册执业资格人员的继续教育必修课中增加有关BIM的内容；鼓励有条件的地区，建立企业和人员的BIM应用水平考核评价机制。

湖南省住房和城乡建设厅关于开展全省房屋建筑工程施工图BIM审查工作的通知（试行）

（征求意见稿）

各市州住房和城乡建设局，各有关建设单位、勘察设计企业及施工图审查机构：

为全面普及BIM技术应用，切实提高工程设计质量，推动住房城乡建设领域转型升级。根据《国务院办公厅关于促进建筑业持续健康发展的意见》（国办发〔2017〕19号）及《湖南省人民政府办公厅关于开展建筑信息模型应用工作的指导意见》（湘政办发〔2016〕7号）有关要求，我厅开发了湖南省建设工程施工图BIM审查系统（以下简称“BIM审查系统”），将实行房屋建筑工程施工图BIM审查。现将有关事项通知如下：

一、实施时间及范围

全省新建房屋建筑工程（不含装饰装修）施工图自2020年6月1日起分阶段实施BIM审查，申报施工图审查时应提交BIM模型。具体安排如下：

（一）2020年6月1起，建筑面积在1万m^2及以上的单体公共建筑、建筑总面积在30万m^2及以上的住宅小区、采用装配式的房屋建筑、采用设计施工总承包模式的房屋建筑施工图实行BIM审查；

（二）2021年1月1日起，全省新建房屋建筑（不含装饰装修）施工图全部实行BIM审查。

市政基础设施工程暂不纳入施工图BIM审查实施范围，待BIM审查系统具备市政基础设施工程审查功能后实施。

二、有关要求及事项

（一）送审要求。勘察设计企业应严格按照《湖南省建筑信息模型审查系统模型交付标准》《湖南省建筑信息模型审查系统数字化交付数据标准》《湖南省建筑信息模型审查系统技术标准》开展BIM设计，并将二维施工图和BIM模型成果一并交付建设单位。建设单位登录湖南省施工图管理信息系统同步上传二维施工图和BIM模型，BIM模型应与二维施工图保持一致。

（二）受理要求。各级住房城乡建设部门应积极组织实施BIM审查，安排专人负责本辖区BIM审查线上操作。按规定同步上传二维施工图和BIM模型的，住房城乡建设部门应予以受理，未按规定上传的应予以退件。

（三）审查要求。施工图审查机构（以下简称“审查机构”）遴选确定后登录湖南省施工图管理信息系统开展审查，审查机构应先对二维施工图和BIM模型进行图模一致性检查，对不符合规定的予以退件；对符合规定的，审查机构按要求对二维施工图和BIM模型并行审查。审查人员点击模型可自动切换BIM审查系统操作界面，提出BIM审查意见。勘察设计企业应根据审查意见同步对二维施工图和BIM模型修改完善，审查合格后予以施工图审查备案。

（四）其他事项。各级住房城乡建设部门要加强对BIM审查政策宣贯，提高BIM审查服务质量和审查效率。勘察设计企业应组织设计人员参加相关BIM技术培训，提升BIM技术应用能力。审查机构应组织审查人员参加BIM审查业务培训，审查人员具备相应能力后方可开展BIM审查服务。建设单位、勘察设计企业及审查机构在开展BIM审查过程中如遇到问题，请及时与我厅勘察设计处或系统研发单位中国建筑科学研究院有限公司联系，相关问题书面反馈至BIM审查专用邮箱中。

湖南省住房和城乡建设厅

2020年5月7日

重庆市住房和城乡建设委员会
关于推进智能建造的实施意见

渝建科〔2020〕34号

各区县（自治县）住房城乡建委，两江新区、经开区、高新区、万盛经开区、双桥经开区建设局，有关单位：

智能建造是现代信息技术与工程建造技术深度融合，实现工程建造全过程各环节数字化、网络化和智能化的新型建造方式。实施智能建造，能够形成数据驱动下的工程项目设计、生产、施工一体化的建造与服务新模式，能够实现工程建造全过程数字化模拟、感知、记录、协同，能够提升建造品质、缩短工期、节约资源、控制成本。智能建造是建筑业供给侧改革的重要内容，是建筑业转型升级的重要手段，是绿色发展创新发展的重要举措。为贯彻落实住房城乡建设部等部门《关于推动智能建造与建筑工业化协同发展的指导意见》（建市〔2020〕60号）和市政府《关于印发重庆市推进建筑产业现代化促进建筑业高质量发展若干政策措施的通知》（渝府办发〔2020〕107号）文件精神，加快推进智能建造与建筑工业化协同发展，制定本实施意见。

一、总体要求

以习近平新时代中国特色社会主义思想为指导，全面贯彻党的十九大、十九届二中、三中、四中、五中全会、中央经济工作会议和市委五届九次全会精神，深化落实习近平总书记对重庆提出的营造良好政治生态，坚持“两点”定位、“两地”“两高”目标，发挥“三个作用”和推动成渝地区双城经济圈建设的重要指示要求，围绕建筑业高质量发展总体目标，以工程项目建设各环节数字化为基础，以大力发展建筑工业化为载体，以大数据智能化技术在工程建造全过程应用为抓手，建立与大数据智能化发展相适应的工程项目管理制度和管理模式，提升工程质量安全、效益和品质，形成涵盖设计、生产、施工、验收、运营等全产业链融合一体的智能建造产业体系，促进建筑业数字化转型，形成建筑业高质量发展的新动能。

二、主要目标

到2021年底，智能建造技术创新应用取得重大突破，建成智能建造管理平台和建筑业数据中心，培育建筑业互联网平台2个以上，发展智能建造专业软件10个以上，试点数字化建造项目100个以上，实施建筑工业化和信息化融合项目1500万平方米以上，初步建立智能建造模式和与之相适应的制度体系、标准体系、管理体系，初步形成智能建造产业生态，形成较为完善的现代建筑产业链条。

到2022年底，全市30%以上工程项目采用数字化建造模式，30%以上的建筑业企业实现数字化转型，数字化和工业化成为建筑业主要特征。

到2025年，全市工程项目全面采用数字化建造模式，建筑业企业全面实现数字化转型，培育一批智能建造龙头企业。

三、基本原则

（一）坚持市场主导，政府引导。充分发挥市场在资源配置中的决定性作用，聚焦解决工程建造实际问题，激发市场主体推进智能建造的内生动力。特别是发挥建设单位作为工程建设活动的总牵头单位作用，提升对智能建造的认识和意识。同时，发挥好政府作用，加快制定标准规范，建设公共信息平台，完善相关政策措施，引导建筑业与大数据智能化融合，形成推进智能建造的市场氛围。

（二）坚持整体推进，重点突破。统筹建筑业数字化、网络化和智能化转型，做好顶层设计，整体推进智能建造体系。同时，把工程项目数字化作为建筑业数字化转型的关键，打造数字孪生工地，通过试点示范，在智能建造技术应用取得突破，形成智能建造模式并逐步推广。

（三）坚持由易到难，分步实施。从单项到集成，由易到难，分步骤、分阶段推广智能建造技术，逐步扩大工程项目智能建造技术应用的覆盖面，实现工程项目数字化。同时，提升工程项目智能建造技术应用水平，向网络化、智能化方向延伸。

（四）坚持创新驱动，融合发展。把大数据智能化作为引领建筑业创新发展的重要支撑，建立健全跨领域跨行业协同创新体系，推动智能建造核心技术联合攻关与示范应用，促进科技成果转化应用。协同推进技术创新、政策创新、制度创新和管理创新，促进实体建筑和虚拟建筑融合，促进实体工地和数字工地融合，促进建筑业企业和互联网企业融合。

四、重点任务

（一）推行全过程建筑信息模型（BIM）技术应用。

推广自主可控的BIM技术，加快构建数字设计基础平台和集成系统，实现设计、工艺、制造协同。依托BIM项目管理平台和BIM数据中心，实现数据在勘察、设计、生产、施工、交易、验收等环节的有效传递和实时共享。从2021年起，主城都市区政府投资项目、2万平方米以上的单体公共建筑项目（或包含2万平方米以上规模公共建筑面积的综合体建筑）、装配式建筑工程项目，以及轨道交通工程、大型道路、桥梁、隧道和三层以上的立交工程项目，在设计、施工阶段均应采用BIM技术，原则上3万平方米以上的房地产开发项目宜采用BIM技术，并通过BIM项目管理平台提交BIM模型，以及完成设计管理、施工许可、竣工验收等各环节的数据交互。建立部品部件BIM模型入库制度，在重庆使用的建筑部品部件应在BIM项目管理平台提交BIM模型。强化应用BIM设计协同能力和虚拟化施工水平，推进BIM+第五代移动通信技术（5G）、虚拟现实技术（VR）、增强现实技术（AR）、地理信息系统（GIS）、无人机等技术在施工现场、工业化装修等场景的应用。

（二）逐步推广电子签名签章。

建设重庆市住房城乡建设电子签名认证平台，逐步对住房城乡建设领域人员电子身份、电子签名和企业电子签章进行认证。电子签名应和纸质档案中的签名相同，电子签名位置应和纸质档案位置相同。法人签名签章的主体是项目建设和房屋交易各方企业，自然人签名的主体是项目参建各方现场管理人员、专业技术人员和交易过程相对人。

（三）实施工程项目数字化建造。

推进数字化设计体系建设，统筹建筑结构、机电设备、部品部件、装配施工、装饰装修，推行一体化集成设计。进一步拓展智慧工地实施应用，对施工现场质量、安全、造价、人员、设备、建造过程等智能化应用水平开展分级评价，推进物联网、BIM技术和电子签名签章等技术的融合应用，提升工程项目智能化和精细化管控水平。从2021年起，全市新建房屋建筑和市政基础设施项目应建设一星级智慧工地，主城都市区新建政府投资项目应建设二星级及以上智慧工地，鼓励创建三星级智慧工地。开展工程项目数字化建造试点，建设数字孪生工地，实现设计数据和施工数据智能关联。试点项目参建各方在同一数字管理平台上的实时交互和工作协同，结合工程项目电子签名签章，基于工程管理行为数字化和施工作业行为数字化实时生成相应的工程数字城建档案。数字城建档案和纸质城建档案具有同等效力。试点项目数据应符合重庆市工程项目数字化管理平台接口要求，并接入管理平台。

（四）推进建筑工业化与信息化深度融合。

加快推动新一代信息技术与建筑工业化技术协同发展，在建造全过程加大互联网、物联网、BIM技术、大数据、人工智能、区块链等新技术的集成与创新应用。建立装配式建筑项目各类信息生成规则、构部件编码规则、二维码赋码规则、无线射频识别（RFID）信息规则，实现构部件产品的统一编码。推动建立以标准部品为基础的专业化、规模化、信息化生产体系。推广应用钢结构构件和预制混凝土构件智能生产线。加快部品部件生产数字化、智能化升级，推广应用数字化技术、系统集成技术、智能化装备和建筑机器人，实现少人甚至无人工厂。推进构部件模拟装配施工，进行预拼装分析。建成装配式项目监管平台，集成项目实施信息和生产资源，实现各项目在生产、物流和现场的跨部门和跨阶段信息共享。建立全程质量数字化信息记录制度，实现构部件进场信息的智能管理、模拟装配和产品质量的可追溯。在装配式建筑项目中率先推广数字化建造技术，实现建造信息实时记录，强化对关键节点、关键部位的数字化管控。

（五）发展基础设施物联网。

推进物联网在城市供排水、道路路网、公共停车场、市政管网、市政消火栓、海绵城市、综合管廊等城市基础设施领域的应用。对新建、改扩建的城市基础设施项目，应当按照有关规定和技术标准，实施物联网建设。打造以“GIS+BIM+人工智能物联网（AIOT）”为核心的自生长、开放式城市信息模型（CIM）平台，并依托CIM平台，集成、分析和综合应用全市各类城市基础设施物联网数据，努力形成“万物互联”的城市基础设施数字体系。

（六）培育建筑业互联网平台。

充分借鉴工业互联网理念发展建筑业互联网，统一工程建造数据标准，集成工程建造软件，培育工程建造的模型化、软件化、复用化平台，全面赋能线下建造环节。推进建筑业互联网平台在工程建造、企业管理、资源调配、运行维护中的应用。支持大型企业建设企业级智能建造平台，贯通企业内外部供应链、产业链、价值链，形成工程项目协同平台，实现企业网络化协同、个性化定制和数字化建造。支持中小规模设计、生产、施工企业和劳务分包企业采用建筑业互联网平台提供的应用服务，优化项目管理，提升智能建造实施能力。

（七）推进行业大数据应用。

推动行业数据、公共服务数据向社会开放，鼓励企业利用开放数据开展数据增值运营和行业应用。发挥建筑业大数据在行业精准治理中的作用，打通建筑业大数据中心和工程监管系统的通道，以工程造价大数据为依托全面推行过程结算。引导智能建造和智能建筑融合发展。推进智能建造数据向房屋管理应用领域延伸，建立全生命周期房屋大数据中心，提升房屋交易信息化水平、房屋安全管理水平和物业管理水平。促进智能监测设施与主体工程的同步设计、同步施工和同步运营，加快市政基础设施建设和智能建造数据的融合。以建筑业大数据支撑互联网金融向建筑业拓展，发展建筑业供应链金融和工程保险。设立建筑业大数据创新中心，支持围绕建筑业大数据关键技术和共性技术创新。

（八）培育智能建造产业。

建立智能建造产业园区和建筑业大数据园区，积极引入知名企业，围绕建筑业大数据集成、存储、挖掘、应用，全力打造智能建造创新基地、技能基地和服务基地。建立智能建造产业联盟，引导建筑业互联网平台企业、系统集成企业、软件开发企业、房地产开发企业、设计企业施工企业组建战略联盟，协调推进智能建造产品研发、技术攻关和智能建造技术集成应用。打造两江新区、重庆高新区、重庆经开区、万盛经开区、垫江县智能建造重点示范区。围绕智能建造领域发布大数据智能化技术（产品）目录，引导工程项目应用目录技术（产品）。鼓励市场各方开发工程建造专用软件，发展工程建造第三方云服务。加快培育具有智能建造系统解决方案能力的工程总承包企业，开展企业数字化评价，统筹建造活动全产业链，推动企业以多种形式紧密合作、协同创新，逐步形成以工程总承包企业为核心、相关领先企业深度参与的开放型产业体系，形成智能建造产业生态。鼓励企业建立工程总承包项目多方协同智能建造工作平台，强化智能建造上下游协同工作，形成涵盖设计、生产、施工、技术服务的产业链。

（九）加强技术创新。

加强技术攻关，推动智能建造和建筑工业化基础共性技术和关键核心技术研发、转移扩散和商业化应用，加快突破部品部件现代工艺制造、智能控制和优化、新型传感感知、工程质量检测监测、数据采集与分析、故障诊断与维护、专用软件等一批核心技术。完善标准体系，围绕数字设计、智能生产、智能施工，构建先进适用的智能建造及建筑工业化标准体系，重点制订BIM模型轻量化参数标准、部品部件BIM标准、工程项目物联网应用标准、工程项目数据采集标准及数据互联互通标准等基础数据标准，编制智能建筑建设技术标准、工程项目数字化应用技术标准等行业应用标准，制定智慧工地建设费用计算规定，统一发布智能建造相关平台数据接口标准，畅通政务平台和商用软件数据通道。

（十）创新行业监管与服务模式。

建立健全与智能建造相适应的工程质量、安全、造价监管模式与机制。完善数字化成果交付、审查和存档管理体系。依托智能建造管理平台和建筑业数据中心，融合工程建造监管业务系统，优化业务流程，消除工程建造各环节“信息孤岛”，打通设计、生产、施工、验收等全生命周期的数据通道，实现全过程数据资源互联互通，探索建立智能建造监管体系和监管制度。推进工程项目统一编码、全过程监管业务流程统一编码和各业务数据统一编码，实现业务及数据的关联和融合。依托平台对工程项目实行监管，实现监管内容和监管信息数字化。强化以信用为基础的“互联网+监管”，实现监管的精准化、规范化、制度化。

五、保障措施

（一）加强组织领导。

各区县住房城乡建设主管部门应因地制宜提出推进智能建造的目标和任务，建立健全工作机制，制定具体措施，完善配套政策，加大支持力度，积极开展试点示范。

（二）加快制度建设。

结合智能建造要求，优化工程设计管理、施工现场质量安全和合同履约监管制度，完善建筑产品工程造价监测机制，建立数字化审图、数字化城建档案管理制度。各区县住房城乡建设主管部门要围绕智能建造，优化业务流程，创新工作方式，提升住房城乡建设领域业务管理和服务水平。各项目建设单位应保障资金，建立健全项目管理制度。

（三）加大政策激励。

引导和鼓励参建各方推进实施智能建造，对工程项目数字化建造试点项目、三星级智慧工地项目在信用评价、评奖评优等方面给予支持，予以表彰。对实施工程项目数字化建造试点或三星级智慧工地的房地产开发项目，在项目资本金监管和预售资金首付款监管方面给予支持。对主城都市区中心城区实施工程项目数字化建造试点或三星级智慧工地的房地产开发项目，在商品住房备案价格指导时，考虑其增量成本；拟预售房屋为八层及以下的、已建房屋建筑面积达到规划批准的拟建房屋建筑面积三分之二以上，拟预售房屋为九层及以上的、已建房屋建筑面积达到规划批准的拟建房屋建筑面积三分之一以上，可申请办理预售许可。

（四）培育人才队伍。

加大人才培养力度，引导我市建筑类院校围绕智能建造优化专业学科设置，推动校企共建专业学院、产业系（部、科）和企业工作室、实验室、创新基地、实践基地、实训基地等。加大对建筑业企业的培训力度，引导企业整合资源加快推进智能建造。把智能建造作为高端人才集聚的重要领域，着力引进一批既精通大数据智能化技术，又熟悉建造技术的高层次人才。

（五）强化宣传推广。

强化宣传推广，充分发挥相关企事业单位、行业学协会的作用，开展智能建造的政策宣贯、技术指导、交流合作、成果推广。构建国际化创新合作机制，加强国际交流，推进开放合作，营造智能建造健康发展的良好环境。

重庆市住房和城乡建设委员会

2020年12月29日

参考文献

[1] 李国杰，徐志伟.从信息技术的发展态势看新经济[J].中国科学院院刊，2017，32(3)：233-238.

[2] 黄一雷，高志利，白勇.美国施工工程与管理学科研究方向综述：2010～2012年[C]//工程管理年刊，北京：中国建筑工业出版社，2013(8)：87-105.

[3] Smyth H. Construction industry performance improvement program：the UK case of demonstration project in the Continuous improvement program[J]. Construction Management and Economics，2010，28(3)：255-270，Autodesk. Autodesk white paper for BIM[EB/OL]. http：//usa.autodesk.com/adsk/servlet/home?site，2007-12-10.

[4] Kunz J. Fischer. Virtual Design and Construction：Themes，Case Studies and Implementation Suggestions[R]. CIFE Working Paper097，Stanford University，2009.

[5] 张春霞. BIM技术在我国建筑行业的应用现状及发展障碍研究[J].建筑经济，2011(9)：96-98.

[6] 何清华，张静.建筑施工企业BIM应用障碍研究[J].施工技术，2012(22)：80-83.

[7] 刘献伟，高洪刚，王续胜.施工领域BIM应用价值和实施思路[J].施工技术，2012(22)：84-86.

[8] 张连营，李彦伟，高源. BIM技术的应用障碍及对策分析[J].土木工程与管理学报，2013(3)：65-69.

[9] 李祥伟，孙剑.建筑信息模型在中国建筑业的发展思考[J].建筑经济，2011(4)：25-28.

[10] Salman Azhar，Michael Hein，Blake Sketo. Building information modeling (BIM)：benef its，risks and challenges[C]. Proceedings of the 44th ASC Annual Conference，2008.

[11] Eastman C，Teicholz P，Sacks R，et al. BIM handbook：a guide to

building information modeling for owners，managers，designers，engineers and contractors[M]. New York：John Wiley & Sons，2008.

[12] Darius Migilinskas，Vladimir Popov，Leonas Ustinovichius. The benefits，obstacles and problems of practical BIM implementation[J]. Procedia Engineering，2013（57）：767-774.

[13] Doty PT，Etdelez S. Information micro-practices in Texas rural courts：methods and issues for e-government[J]. Government Information Quarterly，2009，19（4）：13-27.

[14] Salem J，Joseph A. Public and private sector interests in e-government：a look at the DOE's PubSCIENCE[J]. Government Information Quarterly，2009，20（1）：20-27.

[15] Devadoss P J，Pan S L，Huang J C. Structural analysis of e-government initiatives：a case study of SCO[J]. Decision Support Systems，2011，34（3）：13-27.

[16] T A Pardo，H J School Walking atop the cliffs：avoiding failure and reducing risk in large scale e-government projects[J]. System Sciences，2011：1616-1625.

[17] Fulla S，Welch E.Framing virtual interactivity between government and citizens：A study of feedback systems in Chicago police department，Proceedings of the 35th Annual Hawaii International Conference on System Science. 2002. HICSS.1635-1645.

[18] Gant J P，Gant D B. Web portal functionality and state government e-service. Proceedings of the 35th Annual Hawaii International Conference on System Science. 2002. HICSS：1587-1596.

[19] S Raja，Samia Melhem，M Cruse，et al. Making Government Mobile[M]. Information and Communications for Development，2012：88-101.

[20] Sun Y，Liu S X. From E-Government to Smart Government：A Critical Reflection on Common Issues in China's Pilot Areas（C）//2014公共管理国际会议论文集（第十届）(上)，2014：186-195.

[21] IDC Government Insights. Putting public IT in context：the Smart Government Maturity Model. Mark Yates，Research Analyst IDC Government Insights CEE，2011.

[22] CA Fwd. The Smart Government Framework[EB/OL].[2011-11-03]. http：//

www.caiwd.org/ideas/eniry/iramework.

[23] Mopas. Smart Government Implementation Plan[EB/OL][2012-06-19]. http：// www. mopasgo. kr/gpms/ns/ mogaha/user/user layout/english/bulletin/ userBt View. action}user BtBean. bbsSeq=1020088&userBtBeanctxCd = 1 030&userBtBean. ctxType = 21010009 & current Page = &search Key = & search Val.

[24] Dubai Smart Government Department. About Dubai Smart Government [EB/OL]. [2013-06-01]. http：//dubai . ae/en/About Dubaie Government/Pages/default. aspx.

[25] Howard R，Maio A D. Hype Cycle for Smart Government，2013[EB/OL]. https：www.partnercom/doc/2555215/hype-cycle-smart-government.

[26] Infocomm Development Author.ty of Singapore IDA Infocomm Media Masterplan 2025[EB/OL].[2014-03-31]. http：//www.mci.gov.sg/content/mci_corp/web/mci/infocomm_\media_masterplan.html.

[27] Sehl Mellouli，Luis F. Luna-Reyes，Jing Zhang. Smart government，citizen participation and open data. Information Polity，2014(9)：1-4.

[28] Gil-Garcia J R，Helbig N，Ojo A. Being Smart：Emerging Technologies and Innovation in the Public Sector[J]. Government Information Quarterly，2014，31(1)：1-18.

[29] 张锐昕，陈曦.加强电子政务研究与实践，推进服务型政府建设与发展——全国“电子政务与服务型政府建设”学术研讨会综述[J].电子政务，2012(10)：2-9.

[30] 陈崇林. 协同政府研究综述[J]. 河北师范大学学报(哲学社会科学版)，2014，37(6)：150-156.

[31] 张建光，朱建明，尚进.国内外智慧政府研究现状与发展趋势综述[J]. 电子政务，2015(8)：72-79.

[32] 宋林丛，鲁敏. 国内智慧政府相关研究综述(2005—2015)[J]. 现代经济信息，2016(11)：122-123，125.

[33] 阿尔伯特·梅耶，曼努尔·彼得罗·罗德里格斯·玻利瓦尔，奉莹，等. 管理智慧城市：关于智慧城市治理的文献综述[J].国际行政科学评论(中文版)，2016，82(4)：150-166.

[34] 金江军.互联网时代的新型政府[M].北京：中共党史出版社，2017(3).

[35] 周志忍.整体政府与跨部门协同[J].中国行政管理，2008(9)：127-128.

[36] 周志忍.网络化治理：公共部门的新形态[M].北京：北京大学出版社，

2008.

[37] 刘光容.政府协同治理：机制、实施与效率分析[M].武汉：华中师范大学，2008.

[38] 李辉.论协同型政府[D].吉林：吉林大学，2010.

[39] 陈曦.中国跨部门合作问题研究[D].吉林：吉林大学，2015：50-52.

[40] C Eastman，Jae-min Lee，Yeon-suk Jeong，et al.Automatic rule-based checking of building designs.College of Architecture. Geogia Institute of Technology，United States，2009.

[41] Jin Kook Lee.Building Environment Rule and Analysis（BERA）Language-And its Application for Evaluating Building Circulation and Spatial Program.Georgia Institute of Technology，2011.

[42] Nawari O. Automated Code Checking in BIM Environment.14th International Conference on Computing in Civil and Building Engineering. Moscow，Russia，2012.

[43] Johannes Dimyadi，Robert Amor.Automated Building Code Compliance Checking—Where is it at University of Auckland.

[44] 王广斌，曹冬平.发达国家政府对建筑业信息化的作用比较[J].建筑经济，2010（3）：22-26.

[45] 王广斌，等.我国建筑信息模型应用及政府政策研究[J].中国科技论坛，2012（8）：38-43.

[46] 王俊豪.政府管制经济学导论[M].北京：商务印书馆，2001.

[47] 王俊豪.管制经济学原理[M].北京：高等教育出版社，2007.

[48] Thomas R. Understanding Public Policy[M]. 14th edition. Boston：Pearson，2013：Chapter 2.

[49] George J，Stigler. The Citizen and the State：Essays on Regulation. Chicago：University of Chicago Press，1975.

[50] Sam Peltzman. Toward a More General Theory of Regulation[J]. Journal of Law and Economics，1976，19（2）：211-240.

[51] Peltzman. Toward a More General Theory of Regulation[J]. Jorunal of Law and Economics，1976.

[52] Becker. A Theory of Competition Among Pressure Groups for Political Influence[J]. Quarterly Journal of Economics，1983.

[53] James Buchanan, Robert Tollison, Gordon Tullock. Toward a Theory of the Rent-Seeking Society[M]. College Station: Texas A & M University Press, 1984.

[54] 肖兴志，陈长石.规制经济学理论研究前沿[J].经济学动态，2009(1)：30-32.

[55] 王俊豪，王岭，国内管制经济学的发展、理论前沿与热点问题[J].财经论丛，2010(9)：12-13.

[56] 于冠一，陈卫东，王倩.电子政务演化模式与智慧政务结构分析[J].中国行政管理，2016(2)：22-26.

[57] 赵玎，陈贵梧. 从电子政务到智慧政务：范式转变、关键问题及政府应对策略[J]. 情报杂志，2013，32(1)：204-207，197.

[58] 徐晓林，朱国伟.智慧政务：信息社会电子治理的生活化路径[J].自然辩证法通讯，2012(5)：95-100，128.

[59] 赵银红.智慧政务：大数据时代电子政务发展的新方向[J].办公自动化，2014(22)：95-100，128.

[60] 张爱平."互联网+"引领智慧城市2.0[J].中国党政干部论坛，2015(6)：20-23.

[61] 刘文富.智慧政务：智慧城市建设的政府治理新范式[J].中共南京市委党校学报，2017(1)：62-68.

[62] 金江军，郭英楼.智慧城市——大数据、互联网时代的城市治理[M].北京：电子工业出版社，2016.

[63] 赵挺生等.工程建设安全风险动态跟踪监控实证研究[J].施工技术，2012(22)：90-92.

[64] 张洋.基于BIM的建筑工程信息集成与管理研究[D].北京：清华大学，2009.

[65] 刘显智.工程建设项目信息化集成研究[D].武汉：华中科技大学，2013.

[66] National Institute of Building Science.United States National Building Information Modeling Standard.Version 1—Part 1[EB/OL]. http://building smart alliance.org.

[67] Chuck Eastman. BIM Handbook: A Guide to Building Information Modeling for Owners, Managers, Designers, Engineers and Contractors[M]. John Wiley & Sons Inc, 2011.

[68] 李云贵.中国BIM标准与技术政策研究[J].中国建设信息，2013（11）：22-25.

[69] Edward L Glaeser，Andrei Shleifer. The Rise of the Regulatory State[J]. Journal of Economic Literature，2003，41（2）：401-425.

[70] Joshua Schwart zstein，Andrei Shleifer. An Activity-Generating Theory of Regulation. Journal of Law and Economics，2013，56（1）：1-38.

[71] 曾维和.当代西方"整体政府"改革：组织创新及方法[J].上海交通大学学报（哲学社会科学版），2008（5）：20-27.

[72] 周志忍.整体政府与跨部门协同[J].中国行政管理，2008（9）：127-128.

[73]孙迎春.现代政府治理新趋势：整体政府跨界协同治理[J].中国发展观察，2014（9）：36-39.

[74] 金江军.互联网时代的新型政府[J].百年潮，2017（4）：99.

[75] 陈真，袁磊，周彬学. GIS支持下的建设用地规划许可数据挖掘——以珠海市为例[J]. 测绘通报，2016（8）：110-113.

[76] 汪大超，李波，赵阳. 基于AutoCAD.Net实现规划测量建筑面积的自动统计[J/OL]. 中国科技信息，2017（10）：40-42.

[77] 金江军，郭英楼.智慧城市：大数据、互联网时代的城市治理[M].北京：电子工业出版社，2016.

[78] 丁玎，李南京，刘银，等. 建设工程质量检测全过程信息化监管模式研究与应用[J]. 工程质量，2015，33（4）：69-71.

[79] 曾爱文，戴清波，刘林，等. 基于检测数据的工程质量信息化监管探讨[J].工程质量，2016，34（5）：4-7.

[80] 张巍. 建立建设工程市场质量安全一体化监管平台应注意的几个问题——以湖北省建设工程综合监管信息平台建设为例[J].工程质量，2015，33（4）：20-24.

[81]《建筑工程设计BIM应用指南》编委会.建筑工程设计BIM应用指南[M].北京：中国建筑工业出版社，2014.

[82] 刘占省.BIM技术概论[M].北京：中国建筑工业出版社，2016.

[83] 李建成，等. BIM应用·导论[M].上海：同济大学出版社，2015.

[84] 何清华，张静.建筑施工企业BIM应用障碍研究[J].施工技术，2012（22）：80-83.

[85] 刘献伟，高洪刚，王续胜.施工领域BIM应用价值和实施思路[J].施工技

术，2012(22)：84-86.

[86] 张连营，李彦伟，高源. BIM技术的应用障碍及对策分析[J].土木工程与管理学报，2013(3)：65-69.

[87] 李祥伟，孙剑.建筑信息模型在中国建筑业的发展思考[J].建筑经济，2011(4)：25-28.

[88] Salman Azhar，Michael Hein，Blake Sketo. Building information modeling (BIM)：benefits，risks and challenges[C]. Proceedings of the 44th ASC Annual Conference，2008.

[89] Eastman C，Teicholz P，Sacks R，et al. BIM handbook：a guide to building information modeling for owners，managers，designers，engineers and contractors [M]. New York：John Wiley & Sons，2008.

[90] Darius Migilinskas，Vladimir Popov，Leonas Ustinovichius. The benefits，obstacles and problems of practical BIM implementation[J]. Procedia Engineering，2013(57)：767-774.

[91] Jongsung Won，Ghang Lee，Carrie Dossick，et al.Where to Focus for Successful Adoption of Building Information Modeling within Organization[J]. Journal of Construction Engineering & Manage，2013(139)：1-10.

[92] Robert Eadie，Henry Odeyinka，Mike Browne，et al. Building Information Modelling Adoption An Analysis of the Barriers to Implementation[J]. Journal of Engineering and Architecture，2014，2(1)：77-101.

[93] 王明德，张陆满，蔡奇成.建筑资讯模型之法律议题初探[J].建筑学报，2013(84)：185-203.

[94] 范素玲. BIM相关法律议题探讨[J].捷运技术半年刊，2012(47)：1-5.

[95] 谢定亚. BIM作业模式法律议题[J].营建知讯，2012(353)：28-37.

[96] Foster L L.Legal Issues and Risks Associated with Building Information Modeling Technology[D]. Master Thesis of Science in Architectural Engineering of University of Kansas，2008.

[97] 范素玲.建筑资讯模型(BIM)之智慧财产权探讨[J].中国土木水利工程学刊，2010，37(5)：1-8.

[98] Fan，S.L. Intellectual Property Rights in Building Information Modeling Application in Taiwan[J]. Journal of Construction Engineering and Management，

ASCE，2014，140(3)：1-6.

[99] 王广斌，张洋，姜阵剑.建设项目施工前各阶段BIM应用方受益情况研究[J].山东建筑大学学报，2009(5)：438-442.

[100] 耿跃龙.BIM工程实施策略分析[J].土木建筑工程信息技术，2011(2)：51-54.

[101] McGraw Hill Construction Smart Market Report：The Business Value of BIM[R]. 2009.

[102] 何关培.我国BIM发展战略和模式探讨(一)[J].土木建筑工程信息技术，2011(2)：114-118.

[103] 葛文兰等.BIM第二维度——项目不同参与方的BIM应用[M].北京：中国建筑工业出版社，2011(1)：8.

[104] 陈远，陈治.建筑信息模型标准开发方法和内容框架分析[J].建筑经济，2016(8)：117.

[105] 史小坤.信息技术与组织的效率、协同和创新[J].科技进步与对策，2003(20)：54-56.

[106] 保罗·A.萨缪尔森，威廉·D.诺德豪斯.经济学(下)[M].北京：中国发展出版社，1992：643.

[107] 高立群.我国工程建设领域腐败治理对策研究[D].大连：大连海事大学，2015.

[108] Benson Bruce.Rent-seeking from Property Rights[J]. Perspective Southern Economic Journal，1984(2)：338-400.

[109] Fung K K. Surplus Seeking and Rent-seeking Through Back-Door Deals inMainland China[J]. American Journal of Economics and Sociology，2004(3)：299.

[110] 张瑾.我国城市规划领域内职务犯罪原因剖析及预防对策研究[D].北京：中国政法大学，2009.

[111] 王晓宇.建设工程项目招投标寻租治理研究——以重庆市为例[D]. 重庆：重庆大学，2015.

[112] 张孜仪.房地产领域腐败问题研究[D].武汉：华中科技大学，2012.

[113] 王松梅，等.政府信息化建设历程的回顾反思与展望——关于信息化本质的哲学思考[J].吉林省教育学院学报，2011(12)：1-3.

[114] 冀峰.政府信息化与政府管理创新[J].情报杂志，2006(10)：41-42.

[115] 刘军华.政府信息化管理内涵演变的逻辑与趋势[J].电子政务，2014（6）：99-101.

[116] 刘丽霞.信息化背景下的政府管理模式转型研究[D].济南：山东大学，2012.

[117] 顾昕.俘获、激励和公共利益：政府管制的新政治经济学[J].中国行政管理，2016（4）：95-102.

[118] 靳文辉.公共规制的知识基础[J].法学家，2014（2）：91-102.

[119] 郭清梅.行政规定规制研究[D].上海：华东政法大学，2012.

[120] 包国宪，周云飞.政府绩效评价的价值载体模型构建研究[J].公共管理学报，2013（2）：101-109.

[121] 蔡立辉.政府绩效评估：现状与发展前景[J].中山大学学报（社会科学版），2007（5）：17-18.